100种幸福

生活的答案

[德] 亚瑟·叔本华 – 著　李东旭 – 编译

中国水利水电出版社
www.waterpub.com.cn
·北京·

内 容 提 要

本书以幸福为主旨，从世俗、实用的角度进行分析，逐层讲透人格、健康、财富、地位、荣誉、名声、孤独等对人生幸福的影响，深入地剖析了人们不幸福的原因和幸福的原因，并指出走上幸福之路的人生秘诀，对于帮助人们从生活的种种困扰中挣脱出来，开启幸福的人生有指导作用。

图书在版编目（CIP）数据

100种幸福 : 生活的答案 / (德) 亚瑟·叔本华著 ; 李东旭编译. -- 北京 : 中国水利水电出版社, 2020.12
ISBN 978-7-5170-9337-4

Ⅰ. ①1… Ⅱ. ①亚… ②李… Ⅲ. ①幸福—通俗读物 Ⅳ. ①B82-49

中国版本图书馆CIP数据核字(2020)第270046号

书　　名	100种幸福：生活的答案 100 ZHONG XINGFU: SHENGHUO DE DA'AN
作　　者	［德］亚瑟·叔本华　著　李东旭　编译
出版发行	中国水利水电出版社 （北京市海淀区玉渊潭南路1号D座　100038） 网址：www.waterpub.com.cn E-mail：sales@waterpub.com.cn 电话：（010）68367658（营销中心）
经　　售	北京科水图书销售中心（零售） 电话：（010）88383994、63202643、68545874 全国各地新华书店和相关出版物销售网点
排　　版	北京水利万物传媒有限公司
印　　刷	天津旭非印刷有限公司
规　　格	146mm×210mm　32开本　8印张　130千字
版　　次	2020年12月第1版　2020年12月第1次印刷
定　　价	45.00元

前言

胡适曾经说:“凡研究人生切要的问题，从根本上着想，要寻一个根本的解决:这种学问叫做哲学。”李泽厚说:“让哲学主题回到世间人际的情感中来吧，让哲学形式回到日常生活中来吧。”这也是出版本套“答案之书”的根本出发点，让哲学来解决人生的切要问题，让哲学家给我们日常生活提供答案，让哲学的认知和思维解决我们日常生活中的困惑。

哲学是关于世界观的学问。当人们拥有了正确的、科学的世界观，就掌握了生活的智慧。获得“智慧”的人也就获得了直接的人生答案，他们无论从任何角度，都能够很好地应对生活中的问题，从而把生活引向更好、更幸福的彼岸。

“答案之书”系列之所以选取叔本华、尼采、帕斯卡三位比较有代表性的西方哲学大师，是因为这三位哲学家的学说有针对性地回答了我们对生活的一系列追问。

首先，人活着的终极追求是什么？

幸福是人生的根本追求。叔本华对幸福本源的探索，回答了幸福的真相是什么，幸福源自哪里，以及我们如何才能幸福地过一生。

其次，一个人应该如何面对自己和生活？

尼采就是一个真实做自己的人，他的理论无论是“我是太阳”还是“酒神与日神论”，都在帮助人们发现自己，成为自己，即一个人怎样生活，怎样面对周围的世界，如何活成自己最本真的样子。

最后，是什么决定了人对事物的判断和处世方法？

思维是认知事物的根本，一个人的思维方式决定了他对这个世界的看法和处理问题的角度。优秀的思维方式是一个人无比优越的财富。帕斯卡是一个很伟大的人，他在多个领域建树卓著，他设计并制作了一台能自动进位的加减法计算装置，被认为是世界上第一台数字计算器，我们根据“帕斯卡定律”测算压力，压强单位帕斯卡（简称帕）即以他的名字命名。他的思维方式对世人影响深远。

本系列丛书立足普通大众读者，轻松的又包含人生哲理的短章，恰恰特别符合当下读者碎片化阅读的需要。本系列丛书节选三位哲学大家的思想精粹，直面当下众多人的人生困扰，简明地给予答案。书名《100种幸福：生活的答案》《100种活法：如何做自己》《100种思维：力量的来源》直白地表明每本书的主题，便于读者直观地看到每本书的内涵，有目的地带着问题去阅读。

本系列丛书在内容编排方面，以每位哲人的全集原典为底本，精选符合本书主题的内容，撷取精要，分章节编排。每本书体系不大，排版疏朗，读者可以用轻松的心情来品读，一词一句，豁然开朗。

书名中的“100”在此处非实指，实际上每本书给读者的答案和方法远不止一百种。万变不离其宗，从一看到二、三、一百、一万，这用中国一个汉字表达，即“道”。本系列丛书想要展现给读者的，正是哲学家关于生活的“道”。希望本系列丛书，能让读者以哲学的思维重新认识自己、认识世界，解决日常生活的烦恼和困惑，拥有更美好的人生。

目 录

CONTENTS

Part 8

183 — 200

合理支配欲念，才能使内心安宁

我们必须对我们的希冀加以限定，对我们的欲望加以压制，对我们的愤怒加以削减；而且，要永远牢记：个人所能得到的仅是他应具有的东西中非常少的部分。

Part 9

201 — 216

健康是构成幸福的主因

生命在于运动。我们如果想要有所建树，不管怎样，都得学习，都要工作，我们是无法脱离活动而生存的！

Part 10

217 — 245

一切都在孤独里成全

只有当一个人独处时，他才是他自己；如果他不喜欢独处，那么，他肯定也不热爱自由。因为唯有当他孤独无依时，他才会享有真正的自由。

Part 1

关于幸福的三个真相

显赫的地位，高贵的出身，如王侯将相，与真正的人格优势，如伟大的心灵或高尚的情操相比，充其量不过是舞台上的王侯而已，而后者才是真正的君王。

幸福的真相

在亚里士多德那里，幸福被分为三类：来自外物的幸福，来自灵魂的幸福，以及来自肉体的幸福。这种三分法在我看来还是有可取之处的。在我看来，人的命运出现差别的原因可以归结为以下三个方面。

第一，人是什么，从广义上说，就是人格，它包括健康、力量、外貌、气质、品格、理智以及教养。

第二，人拥有什么，即人拥有的财产和其他所有物。

第三，一个人在他人的评价中是什么样的。就像大家都了解的，通过已了解的东西，一个人在朋友们眼中的形象是怎样的，或者更严格地说，他们是怎样看待他的，是通过他们对他的评价表现出来的，而他们的评价又通过人们对他的敬意和他的声望体现出来。

幸福存在于自身之内

使人们在第一方面出现差别的是自然，由此可以断定，和另外两个方面的差别相比，第一方面的差别对于是否幸福的影响要更为重要。后面两个方面的差别只是人为的结果而已。

显赫的地位，高贵的出身，如王侯将相，与真正的人格优势，如伟大的心灵或高尚的情操相比，充其量不过是舞台上的王侯而已，而后者才是真正的君王。

很久以前，麦特罗多洛——伊壁鸠鲁最早的信徒，就曾这样说过，他的著作中有一章的标题也是这样："幸福存在于自身之内，而非自身之外。"

就整个人生来说，幸福最基本的要素无疑就在于人的构成和人的内在素质。因为内心的快乐抑或是痛苦，首先是个人的感情、意欲和思想的产物，而环境只是间接地对人生产生影响。"

因此，同样的外部事件对不同的人产生的影响也就不尽相同，甚至即便外在条件大都相同，人们依然可以独自生活在自己的小天地里。

人们对自己的观念、感觉以及意志有最直接的理解，只有那些与生活有关的外部世界才能对人们产生影响，人们塑造成的生活完全取决于自身观察的视角。所以，它对不同的人表现出的色调也不同。对于一些人来说，它贫瘠、枯燥、浅薄；对于另一些人来说，它丰富多彩、趣味盎然、意味深长。

不少人在听说别人经历了一些让人高兴的事情后，就期待着同样的事情也在自己的生活中发生，而忽视了他们更应嫉妒的那种精神能力。

当人们讲述一些令人愉快的事情时，这种能力便会赋予这些事情独特的意义，这些事情对于天才来说，充满了快乐的冒险情趣，而在感觉迟钝的凡夫俗子眼中，则变得乏善可陈、司空见惯。

歌德和拜伦的很多诗作就完全是天才的杰作，但这些作品大都取材于现实。愚蠢的读者嫉妒诗人经历了那么多愉快的事情，却不去嫉妒诗人超凡的想象力，因为那些简单的事情正是因这种想象力才变得伟大辉煌的。

同样，自信乐观的人眼里的令人兴奋的冲突性事件，在性格忧郁的人看来却有可能是一幕悲剧，而在心灵麻木不仁的人眼里则完全没有任何意义。

所有这一切都基于这样一个事实：两方面因素——主观因素和客观因素——协作，才能全面认识并欣赏事物。这两者密切地联结在一起，就像水中的氧和氢一样，所以，面对同一个对象，虽然在经验中客观的和外在的因素可能相同，但由于主观因素和个人的鉴赏力不同，人们的看法就会千差万别，就好像这种客观与外在因素也是不同的。

即便是世上最灿烂多彩的事情，在智力迟钝、愚蠢的人眼中也是乏善可陈的，这就像一幅在恶劣天气里的美丽风景画，或一架劣质摄像机拍下来的影像。

每个人无疑都被幽禁在自己的意识内，人无法超越自己，更无法直接走出上述界限。因此，外在的帮助对他并无太大意义。

苦难面前，人人平等

在舞台上，人们扮演着不同的角色：王子，大臣，奴仆，士兵，将军，等等。这些角色都只是外表不同，除去这些装束，骨子里大家都是一样的，都只是一些对命运充满了忧虑的可怜演员。

人生就是这样，地位和财富的不同赋予每个人不同的角色，但这并不代表他们内在的幸福和快乐会有不同，这也是那些凡夫俗子和那些不幸的人们苦难和烦恼的根源。

尽管幸福与不幸是由全然不同的原因引起的，但就这两者的本质来说，它们在所有方面都大同小异。**幸福同人们所扮演的角色、地位的高低以及财富的多寡毫无关联，这是毋庸置疑的。**

对于人来说，存在或发生的一切事情都只在他的知觉中存在，是相对知觉而发生的。所以人最为本质的东西就在于知觉的形成。一般而言，知觉要比构成知觉的环境更为重要，一个麻木不仁、冥顽不灵的人，只要想一想塞万提斯被囚禁在昏暗的牢房里写作《堂·吉诃德》，世上所有的荣耀和欢乐就会化为乌有。

人生客观的部分掌握在命运之神手中，就其本质而言它是永远不会改变的；而主观的部分则掌握在我们自己手中，它会因情况变化而发生改变。

所以，尽管在人的一生中，外部条件可能会发生很多变化，但每个人的生活都还会有一致的地方，这就好比虽然有一系列的变奏，但主旋律却保持不变。

人无法超越自己。一个动物被放置在某一环境里，它只能局限于自然给它安排的那个狭小圈子；人也是如此，人们追求幸福的努力永远都不会超出其本性所许可的范围，只能局限于能感觉到的范围；人所能得到的幸福的多少，从一开始就由他的人格决定了。

我们精神的力量更是如此，和这种精神力量密切相关的是人们获得更高级的愉悦感的能力。如果这些能力弱小，那就会毫无建树，亲朋好友以及命运所能给予他的，都无法使他达到一般幸福和快乐的水准。他的幸福和快乐都只能来源于肉体的欲望（一种极为舒适和惬意的家庭生活），无耻下流的同伴和粗鄙无聊的娱乐。

另一方面，一旦出现这样的情况，即使是教育也无法使他的视野开阔。**心灵的快乐是人最为高尚、最丰富多彩的永恒的快乐。**

幸福取决于我们的人格

处于青年时代的我们可能没有意识到的是，决定心灵快乐的主要因素是心灵的力量。很明显，**我们的幸福在很大程度上取决于“我们是什么”，即取决于我们的人格。**

命运或命运所赋予我们的东西往往却是“我们有什么”，或“我们在他人的评价中处在什么地位”，在这种意义层面上，命运是能够改变的。

但假如我们的精神不够富有，那么我们的命运就不会有多大改变，所以，愚者终其一生都愚蠢，冥顽不灵者至死依然冥顽不灵，即使他们被众多的有利因素簇拥着，依然也会如此。歌德在《西东胡床集》中写道："对每个时代来说，不管是地位低下的民众或奴仆，还是公认的胜利者，他们作为尘世间的凡人，其最高的幸福只有人格。"

有句谚语说，饥饿是最好的调味品。从年轻人和老年人无法共同生活这个事实，一直到天才和圣人的生活，所有的事实都说明，对于幸福而言，人生中的主观因素要比客观因素更为重要。

宁做健康的乞丐，不做多病的国王

健康的重要性远超其他幸福，因此有人说，**宁做健康的乞丐，不做多病的国王**。温文尔雅、活泼快乐的气质，完美强健的体魄，健全的理智，敏锐的洞察力，坚强的意志以及良知，这些优势都是地位和财产不能替代的。人格对个人而言，乃是在孤独时与他形影不离的东西，是谁也夺不走或给予不了的东西，和他所拥有的财富相比，人格更本质、更纯粹；和所有人对他的评价相比，人格也更实在。

一个理智的人，即便处在完全孤独的状态中，也能以他的思想、他的幻想获得很大的快乐；即便没有丝毫变化，没有舒服的社交，没有看戏、出游和消遣，他也不会有愚人的烦恼。

一个生性善良而且性情温和的人，身处贫困之中也会感到幸福。相反，如果一个人生性贪婪、嫉贤妒能、心狠手辣，即便让他拥有再多的财富，他也会痛苦不堪。

如果一个人极度理智且对自己独特的人格乐此不疲，那么，人类所追求的大部分快乐对他来说，都是多余的，甚至是使他感到痛苦烦恼的累赘。所以贺拉斯说过这样的话："许多人即便被剥夺了各种奢侈品，他们仍能生活。"苏格拉底看到四周都是待售的各种奢侈品，不禁惊呼："这世界上我不想要的东西竟然这样多。"

所以，我们的人格便是人生幸福的首要的、最本质的要素。这种因素在任何情况下都发生作用，除此之外别无其他原因。

而且，它不同于其他两类幸福，它不是命运的游戏，我们也不会曲解它；另外人格具有绝对价值，而另外两类福事只具有相对价值，因而通过外在的手段去支配一个人要比人们通常所认为的那样要困难得多。但主持公道的时间才是本质的原动力，各种生理的和精神的优势在它的影响下都会逐渐逝去，而只具备道德的特性是很难获得幸福的。

人生需量力而行

考虑到时间的消极作用，相比第一类幸福，另外两类幸福似乎更为优越，因为时间并不能剥夺它们。而且这两类幸福或许还有一种优势，即因为它们完全是客观、外在的，所以我们能得到它们，起码所有的人都有得到它们的可能。相反，我们很难获得主观的东西，但我们可以通过一种神圣的权力得到，它是不可改变、不可让度、残酷无情的。

歌德在诗作中曾描述，人们刚降生，便被某种无法改变的命运所支配，所以，就像星星之间只能通过相互关联而在轨道上运行一样，人只能在为他所设计的范围内求得发展。所以西比尔和先知断言，人绝对无法逃脱自己的命运，就算是时间的力量也无法将人们耗费一生的人生道路改变。

我们唯一能做到的事情，就是尽量使用我们所拥有的个人品质，并遵从这样的娱乐，并且将其称之为游戏，努力争取它们所容许的完美而不顾其他。**所以，人应当选择与自己品质相配的地位、职业和生活方式。**

试想一个大力士，被环境所迫而从事某种不需活动的职业，如从事精细、烦琐的手工，或从事学术研究和需要其他能力的脑力劳动，这些都是他能力所不及的工作，他具有的那些优秀的能力从而被迫放弃，像这样被命运所愚弄的人终其一生也绝不会感到幸福。

那些被迫去追求一种不需要自己能力的职业，自身能力无法得到发展和利用的人，他越理智，他的命运便越悲惨，或许让他从事某种体力劳动，他也没有足够的力量了。

在这种情况下，尤其是在青年时代，我们应当注意避免可以预料到的危机，不要过高地预估自己的能力。

因为属于第一类的幸福比属于另外两类的幸福更重要，所以，相比一心获取财富的行为，旨在保持自身健康、培养自身各种能力的行为显然更为明智。

但我们不应将此错误地理解为，对获取足够的生活必需品抱持无所谓的态度。严格地说，财富乃是十足的奢侈品，它无法给我们带来幸福，倒是有很多富豪感到不幸，原因是他们缺乏精神教养或知识，对他们能够胜任的脑力工作没有兴趣。

财富会扰乱我们的幸福

财富除了能满足我们真正、自然的需求以外，对我们的幸福没有多大影响。确实，倒不如说财富会扰乱我们的幸福，因为聚敛财富必然会给人们带来极大的烦恼和不安。然而，相比提高教养的用心，人们在追求财富上所费的心思要大出何止千百倍，很明显，对于幸福，“人是什么”比“人有什么”要重要得多。

所以我们在看到有人像一只勤劳的蚂蚁，从早到晚无休无止，殚精竭虑地敛聚金银财宝时，就会明白许多道理。

他只思考达到目的所要使用的方法，其余却一无所知；他的心灵空白一片，因此其他事物很难影响到他。那些最高的快乐——理智的乐趣，是他可望而不可即的；他任情纵欲，徒劳地用那些转瞬即逝的快感来代替理智的愉悦，并为延续这种短暂的快感付出巨大的代价。

如果运气好，那么他真的会因自己的努力而积聚起万贯家财，他或者将这些财产留给自己的子孙，或者继续积累财产，或者任意挥霍，浪费这笔财产。这样的一生，尽管有着真诚执着的追求，但仍是愚蠢的，就像头戴锥形小帽哗众取宠的小丑一样。

“人自身所固有的东西”才是幸福的关键。一般而言，财富是不值一提的，大多数为摆脱贫困而奔走的人会感到不幸，情形就跟为了财富而耗费精力的人一般无二。

他们内心空虚、想象枯竭、精神贫乏，所以这两种人非常容易结伴，因为他们有着共同的追求和娱乐，他们的乐趣大多是感官的欢娱和各种消遣，甚至是荒唐无度的。

纨绔子弟依靠巨额遗产过着一种穷奢极欲的生活，他们往往会在令人难以置信的极短的时间内将巨额的财产挥霍干净。其中的原因，就是他们内心空虚无知，所以这种人也憎恶、厌弃生存。

外在富有而内心贫乏的他来到这个世上，徒劳地用外部的财富去弥补内心的不足，并尽力去取得虚有的一切，这就像一位老人冥思苦想着要用某种方法使自己力大无穷一样，大卫王和马雷查尔·德·里克斯就打算这样做。

至于造成人生幸福的另外两类幸福事的意义，不需要我多加强调，如今，人人都知道这两类幸福的价值。第三类好像不如第二类重要，因为它只是别人的意见而已。但是，人们仍然追求名誉，即好的名声。另一方面，只有为国家服务的人才满心盼望着高官厚禄，他们很少注意名声。

总之，人们一般把名誉看作无价之宝，把名声看作人能获得的最宝贵的幸福，有如上帝选民的金羊毛；只有傻瓜追求地位而放弃财富。而且，第二类和第三类幸福彼此互为因果，其他的优势常常能让我们得到我们想要得到的东西。

Part 2

幸福不在别处，就在你的身上

最能使我们直接获得幸福的，莫过于愉快而美好的心境，这种良好的心境因自身而直接受益。快乐惬意的人总有他快乐的原因，任何来自外界的东西都无法代替这种性格。

你若笑口常开，你便幸福

我们已经知道，对于幸福来说，“人是什么”要比“人有什么”以及“他人的评价”更为重要。“人是什么”以及“人自身固有的东西”永远都是我们首先要考虑的事情。因为人的个性会永远地伴随着他，他的存在也因此而呈现出强烈的个人色彩。

一切的享受，如快乐，主要取决于自身，尤其是对于肉体的快乐，这一点所有人都会同意，精神的快乐更是如此。英语短语“自得其乐”原文为to enjoy one’s self[①]就是对这类意思极为恰当的表达。我们看到人们会说“他在巴黎享乐”，而不是说“他享受巴黎”。

---

① 本书楷体小字部分为译者注。

对于病态的人，所有的快乐都会变味，就像甘醇的美酒，在他口中总带有一股胆汁的苦味。因此，人生的幸与不幸主要取决于我们自身对待人生的方式，取决于我们一般的感觉能力的程度和性质，而很少取决于降临到我们头上的东西。

简而言之，**人格及它所造成的一切，才是我们幸福和福祉唯一直接的源泉**，其余的都只是媒介和手段，不会对幸福产生什么特别的影响。但人格的影响却完全不同。由个人品性所激发起的嫉妒为何最难消除，其原因也就在此。

此外，一些持久而且永恒的因素，在我们的经历和磨难中形成了我们的意识；在我们活着的每一时刻，我们的个性都在影响着我们；受到各种机遇和变故的制约，对我们的影响只是暂时的、偶然的、转瞬即逝的。所以亚里士多德说："始终不渝者是品格，而非财富。"参见《欧德谟伦理学》第七卷第二章。

正因如此，对于来自外界的不幸，人们愿意忍受，而且通常也能忍受得住，但是对于来自自身的不幸却很难忍受，因为来自外界的运气会发生变化，而自身的品格却是固有的。

所以，对幸福起着首要的也是最重要作用的，是出自内心的幸福——高尚的品性、杰出的才智、优雅的气质、开朗的心境和完美强健的体魄，一句话，健康的身体加上健全的精神。所以，相较于看重外部财富和外在荣誉的态度，我们应更加注意保护和促进自身内在的东西。

最能使我们直接获得幸福的，莫过于愉快而美好的心境，这种良好的心境因自身而直接受益。快乐惬意的人总有他快乐的原因，任何来自外界的东西都无法代替这种性格。

如果你认识这样一个年轻人，英俊富有，受人尊敬，而且你想了解他是否幸福，那么你可以问他是不是快乐——如果他快乐，那么他是年轻还是年老，又或者是不是驼背，是贫穷还是富有，这又有什么关系呢？——追根究底他是幸福的。

我小时候曾读过的一本古书里有这样的话：“你若笑口常开，你便幸福；你若愁眉苦脸，你便不幸。”这格言是多么简洁，正因其简洁，我才一直没有忘记。

所以，当快乐敲响了我们的大门时，我们就应当敞开大门欢迎它的到来，因为快乐的到来永远不会不合时宜。但我们却常常不这样做，而是为是否欢迎它而犹豫不决。我们想确信，我们是否有充足的理由感到满足，然而我们又担心精神的欢乐与严肃的反省以及深沉的忧虑相抵触。快乐是一种直截了当的获取，它对于幸福就好比实实在在的现金，而不是银行的支票。

只有快乐能让我们在此时此刻获得眼前的幸福，此为我们的最大幸福，它存在于两个永恒之间的那一瞬间。我们追求幸福的最高目的，即促进这种快乐感并使之得到有效的保障。

幸福十之八九依赖于健康

能够给予我们最多快乐的莫过于健康，而带来快乐最少的则莫过于财富。我们大都会在那些所谓的“低等阶层”

那里，在工人阶级，尤其是生活在乡村的人们脸上，看到最多的欢乐和满足；也正是在那些富贵人家，在上流社会，我们发现了充满抑郁烦恼的脸孔。

所以，我们应当尽量保持健康，快乐就是健康的身体上盛开的花朵。为了保持健康，人们应当做些什么，这几乎不消我多说——避免一切过度、放纵、令人不快的情感以及所有精神上的过度劳累，每天坚持在新鲜空气里锻炼，勤洗冷水澡，以及其他像这样能促进健康的活动。如果每天不进行适量的锻炼，我们就不能保持健康，充分发挥身体各部分的机能，生命的整个过程都需要运动，不管是直接相关的部分，还是整个身体，都要运动。亚里士多德说："生命在于运动。"运动是生命的真正本质，有机体的各个部分都在不停地运动。

心脏有着复杂的收缩和舒张，在强劲有力而且不知疲倦地跳动着，让身体的全部血液沿着动脉、静脉以及毛细血管运行；肺脏在持续不断地呼吸，就像一台蒸汽机似的；大小肠在不断地蠕动；各种腺体都在不停地吸收和分泌；伴随着每一次脉搏的跳动和每一次呼吸，大脑自身也在进行着双重运动。

人一旦不再运动，就会变得像无数被安置在无法活动的场景中的人一样，外部的无法活动使内心产生激烈的骚动，如此便会产生一种令人目眩的、致命的不平衡，因为持续不断的内部运动需要得到外部运动的配合与支持。由此，我们就不得不压抑一些情绪。我们可以用拉丁文简洁地表述这一法则："物体运动的规律是，速度越快活动越频繁。"原文为 Omnis motus, quo celerior, eo magis motus.

如果我们比较一下这两种情况，即比较精神愉悦、身强体壮时和因病痛而忧郁沮丧、苦恼焦虑时，外部环境和事件对我们产生的影响，我们就会发现，我们的精神很大程度上决定着我们的幸福，而我们的健康状况又是多么依赖我们的精神。

真正能使我们幸福或不幸的，并不是那些客观的"事物是什么"，以及"事物自身是什么"，而是我们对于那些客观事物所产生的内在感受。这就像爱比克泰德所说："左右人们的不是客观事物，而是人们对客观事物的见解。"**概括**

地说，幸福十之八九依赖于健康。

只要我们健康，所有事物都会令我们快乐；但缺少了健康，无论什么也不能令人愉快，甚至人格的其他幸福，如伟大的心灵、快乐的性格等，也都会由于没有健康而大打折扣。

由此看来，人们在问候的时候首先谈及对方的健康，表达自己对他人身体健康的良好祝愿，不是没有道理的，因为良好的健康状况于幸福来说是最为重要的条件。

由此可见，最愚蠢的行为就是为了其他幸福，如利益、晋升、知识或荣誉，而牺牲自己的健康，不管是什么样的幸福，这样做都是愚蠢的，为了转瞬即逝的肉体欢娱而糟蹋自己的健康这种行为就更不用说了。健康比其他任何东西都能带给我们更多的幸福。

乐观和美貌让人更幸福

健康能在极大程度上给我们带来快乐的心情，这种快乐的心情就是幸福的本质。但快乐的心情却并不完全依赖于健康，一个人的身体可能极其完美健康，但他可能仍然多愁善感、悲伤沮丧，并且常常怀有一些悲哀的想法。造成这种心情最根本的原因，无疑在于人的天生的生理构成，特别是一个人的感觉能力和他的体力、肌肉力量的关系，这些都是无法改变的客观原因。感觉能力不正常就会使得精神失衡，随着周期性地奔放纵情，人们会有规律地出现忧郁消沉的心理。天才是些神经坚强或者感觉能力敏锐的人。

亚里士多德说得很中肯："那些在哲学、政治学、诗歌或其他艺术方面有着杰出才能的人，似乎全都是多愁善感的。"西塞罗也有着同样的看法，他说："亚里士多德曾经说过，智者多虑。"莎士比亚在《威尼斯商人》一剧中曾经说到人的两种天生的气质：

自然造下人来，真是无奇不有：
有的人总是眯着眼睛笑，
好像鹦鹉见了吹风笛的人一样；
有的人终日皱着眉头，
即使涅斯托说的笑话很可笑，
他听了也不肯露一露他的牙齿，

装出一个笑容来。

这便是柏拉图区分“性格温和愉快的人”和“性格忧郁悲观的人”的依据，他是根据人们对于快乐和痛苦的印象所表现出来的感觉能力程度来划分的。

因此，同样一件事情会使某个人感到悲观绝望，有可能会让另一个人感到乐观并充满了信心。一般而言，一个人对不愉快印象的感觉能力越强，那他对快乐印象的感觉能力便越弱。

反之亦然。同一件事情既可能产生好的结果，也可能产生坏的结果，性格忧郁悲观的人会因为不妙的结果悲观失望、烦恼哀伤，即便事件是令人愉快的，他也没有快乐的兴致。相反，温和愉快的人却不会为不妙的结果担忧、恼怒不安，一旦情况有了转机，他就会为此深感高兴。

对性格忧郁悲观的人来说，做事情十次有九次成功，他并不会为此感到高兴，而只会对其中那一次失败耿耿于怀。温和愉快的人则相反，即使只有一次成功，他也会从唯一的成功之中找到安慰并保持快乐的心情。

关于这个道理，我们还可以举一个例子加以说明，几乎所有的灾祸都是可以得到补偿的。因为总的说来，性格忧郁悲观的人所要克服的不幸和苦难，大多是想象出来的，所以就不如那些性格温和愉快、乐观开朗的人所面临的不幸和苦难真实。

总是看到事物的黑暗面，害怕产生恶劣结果，并因此采取相应行动的人，同总是看到事物光明面的人相比，他们更有可能会失算和栽跟头。

如果一个人天生多愁善感，再加上神经不正常或消化器官紊乱失调，这样长期的不安，就会使他厌倦人生，并由此产生自杀的倾向，甚至一件微不足道的、令人不快的琐事也会让他自杀；而且，当这种情况发展到最坏的程度时，可能没有丝毫理由他也会自杀。

一个人因为长期的不幸而决定结束自己的生命时，会冷静而坚决地执行自己的决定。受难的人平常会受到监护，所以他迫不及待地等待着人们疏于防范的那个时机，然后毫不犹豫，也没有内心的挣扎，以极其自然随便的方式使自己得到解脱。

除此之外，在一般情况下，即便是最健康、最为乐观的人，也可能执意去死。如果苦难，或某一不可避免的灾难压倒了他对死亡的恐惧时，他也会这样做。唯一的区别在于导致必然发生这种致命行为的苦难程度有所不同而已，对于快乐的人来说，这种苦难的程度要高得多，而对于抑郁的人来说，一点儿苦难便能导致自杀。越是多愁善感的人，便越是容易自杀，走到极端的人甚至没有任何痛苦也会自杀。如果一个人有健康的身体作为精神支柱，而且性格乐观开朗，那么，只有遭到了灭顶之灾他才会去自杀。

因此，导致自杀的原因程度不同，但构成两个极端：仅因为天生的忧郁加剧而自杀的；天性健康乐观者的自杀，他们放弃生命完全是有其确实的理由的。

美，有些部分属于健康，人们认为它是个人的优点；严格来说，美并不能直接带给我们幸福，它通过给别人留下深刻印象的方式间接地做到这一点。

美是一种外在标志，能在相互引荐时帮助我们生辉，也使我们在心理上对容貌俊美的人预先获得某种好感。荷马说："红颜丽质不可轻易丢弃，除神外谁也无法给人以美貌。"

痛苦和厌倦是幸福的两大劲敌

只需稍做考察，我们就能发现，痛苦和厌倦是幸福的两大劲敌。甚至可以说，我们有幸在一定程度上摆脱了其中一个敌人，但也就接近了另一个敌人，人生多少有些在这两者之间游移的意味。

这是因为这两者相互间具有一种双重的对立：一重是外在的或客观的，另一重是内在的或主观的。困境和贫穷使人痛苦，但好的处境和富裕又令人厌倦。换言之，处在社会底层的阶级迫于生计——或者说为摆脱痛苦——而疲于奔命时，上流社会则持续受到厌倦情绪的侵袭。这种内在的或主观的与外在的或客观的对立基于这样一个事实，即就个人来说，对痛苦的感觉能力和对厌倦的感觉能力成反比，因为感觉能力是与心灵的力量直接相关的。下面就试着进行说明，这就如同一条法则，晦暗麻痹的心灵与迟钝木讷的感觉，以及经受任何刺激也不会被影响的神经，同对痛苦与忧虑漠然无知的性格相联系，尽管这种痛苦可能很大。

理智麻木，从根本上讲，就是反映在许多人脸上的灵魂空虚，并且对外界各种事情，甚至最微不足道的事情，所表现出来的持久而强烈的心灵状态。这就是厌倦的根源——以充实心灵和精神为借口不断地追求刺激。

为了达到这一目的，他们乞求于一些卑鄙可耻的娱乐，一心想着社交的乐趣，或依仗着一些“长舌妇”或作风懒散的人，这表明他们并不是很怪异。他们乐于与人交往，追求奢侈迷醉的生活，这都是因为内心空虚，有很多人因此落了个萎靡荒唐、凄凉悲惨的下场。**使我们免遭此类凄然悲伤之事的手段莫过于拥有丰富的精神财富，精神越富有，便越能免于厌倦。**

而有活力的思想永远也不会萎靡枯竭！我们能在自我

和自然的各种现象之间找到让我们激动的新的材料，从而使自我和自然结合成新的联盟，如此，你就会激励自己的心灵，保持良好的精神状态，以免松懈麻痹，陷入烦恼。

另一方面，过人的才智是以超常的感觉能力为前提的，意志的力量越强，人的热情便越高，两者相结合，便提高了情感的能力，这样就使得对整个精神乃至肉体痛苦的感受能力加强，同时也就越无法忍受各种艰难困苦，对障碍的不满情绪也就越大。

这些素质大大加强了思想范围内事物的各种表象，包括那些令人不快的事情。在想象力的作用下，痛苦忧虑的情绪还会被过度夸大。这对于智力程度不同的人——从愚蠢至极到聪明过人——全都适用。

要么孤独，要么庸俗

不管是从主观方面抑或从客观方面来看，一个人距离人生的某种苦难的根源越近，那他距离其他苦难之源就越远。

所以人有这样一种天性：尽可能地使自己的客观世界

和主观世界一致，也就是说，他将与自己最易遭受的苦难做殊死斗争。追求自由，避免痛苦和忧伤被聪明人放于首位，他追求宁静而又充满闲情逸致的简朴舒适的生活，尽可能地避开各种遭遇。

一旦同所谓的同仁有了些交往后，他就宁愿过避世隐居的生活，如果他极富理智，甚至会选择离群索居。因为一个人自身所拥有的东西越多，向他人求取的东西就越少，别人无疑也很难再给他什么。这也就是智力超群的人自甘孤独的原因。

如果交往单是从量上相加便能让人聪明的话，那么生活在这个熙熙攘攘的伟大世界上或许是值得的；但很不幸，成千上万的愚人加在一起，也仍然不会使一个人聪明起来。

但是，对这个范围里另一种犹豫不决的人来说，一旦对日常必需品需求的痛苦消失，便会不惜一切地努力放纵时光，与人交往，寻找消遣，贪恋他所想要的所有事物。**任何离群索居的人谋求快乐时依靠的都是自己的所有，由此他的内在所有便会暴露无遗；而衣着华丽的**

愚人则背负着卑鄙低劣的人格痛苦地呻吟，这种重负他永远也无法摆脱。

而天资聪颖的人则会以其富有生气的思想来摆脱自己所处的死气沉沉的境地。塞涅卡提出："愚蠢自身即负担。"这和上帝之子耶稣的话耶稣曾说，"愚人的生活比死亡还要糟糕"比起来，真要算是确确实实的金玉良言了。

天才享受闲暇，蠢人被闲暇消耗

大脑被人们看作有机体的寄生物，好像它就是寄居在身体里的帮佣：生存得以休息产生的闲暇，乃是一个人充分享受自己意识和人格的时间。

一般而言，生存是辛苦操劳和奋斗。但极度闲暇又会给人们会带来什么呢？——烦恼和浑浑噩噩。当然，感官的快乐和愚蠢将闲暇占据时的情况要除外。通过人们消磨闲暇的方式，我们看到，有价值的闲暇是多么少。就像阿里奥斯托所说的那样："虚度光阴的无知者是多么悲哀啊！"——凡夫俗子只关心如何打发他们的时间，而天才考虑的却是如何好好利用它。

智力有局限的人很容易烦恼，其中的原因是，他们的智力纯粹只是服务于他们的意志，是意志的原动力。不管什么时候，导致意志运动的东西没什么与众不同的地方，意志停滞不前，那么他们的理解力也就告假休息了。

因为与意志同步平行，所以它不会自动活动起来，而是需要一些外在的东西推动。其结果便是，人身上的所有能力都变得停滞迟钝——这也就是烦恼。为了将这种可悲的感觉消除，人们便会去做一些琐屑的事以求得到片刻的快乐。

为了激活人的能力而寄希望于意志，也以此推动智力的活动。这些活动较之于真实自然的运动，就犹如纸币比之于硬通货；因为它们的价值只不过是随意的活动——玩牌以及诸如此类的游戏，就是出于这个目的而被发明出来的。

如果没有什么别的事情可干，他们就会不断敲击桌子或玩弄自己的大拇指；对他们来说，雪茄同样是一种锻炼智力的受欢迎的代替品。因此，在各个国家，玩牌也就成了社交场合的主要消遣。

是否玩牌是衡量一个人思想是否空虚的标准和外在标志，因为他想着做其他事情而不是去打牌，或者试图去赢取别人的钱财，真是可怜！

但我不想不公正地压制这样的想法：要给打牌做辩护，的确可以说，打牌为进入世俗生活以及从事商业活动做好了准备，因为人们通过玩牌能学会如何巧妙地利用那些偶然而又不可改变的情况，从中尽量获取一个人所能得到的东西，为此他必须学会掩人耳目，学会用漂亮的装饰来掩盖商品的低劣。

但在另一方面，正是出于此原因，玩牌是一种伤风败俗的行径，因为它全部的目的就在于用各种诡计和技巧，不择手段地去赢得本来属于别人的东西，在牌桌上获得的这种习性会在实际生活中生根发芽，开花结果。

这样，人们在日常生活中，就会将他的财产、权力同牌桌上赢得的一样看得轻巧；并认为，一旦得到法律的允许，他便可以尽可能地利用他所掌握的每一个有利条件，这方面的例子在商业活动中的随处可见。因为，闲暇乃是生存开出的花朵，又或者毋宁说是生存的果实，闲暇使人回到自身，确实，只有那些自身具备某些真正价值的人才能称得上是幸福的。

但大部分人从闲暇中能得到什么呢？——只有一无是处的伙伴，他们极其厌烦自己，觉得自己是个包袱。让我们为之庆幸吧，亲爱的朋友，因为我们不是女奴的孩子，而是自由人的孩子。

人最终只能靠自己

进一步来说，正如没有什么国家比不需要或只需要进口很少商品的国家生活得更美好的了，同样，如果一个人自身拥有丰富的精神财富，对外在的生活条件没有需求或需求极少，那他就是一个幸福的人。

因为进口物品价格高昂，进口货物的需求具有依赖性，又会导致危机，给人们带来烦恼。这些物品只不过是本土产品的糟糕替代品而已，人们不应当从他人那里期待过多，或对一般而言的外部世界要求过多，一个人能给予别人的东西极为有限，每个人最终都得孑然一身，此时，最重要的是这单独的人是谁。

所以，这里有另外一条普遍的真理，歌德在《诗和真》中对此有着清楚的认识："无论经历什么事情，人们最终都不得不求助于自己。"或者像哥尔德斯密斯在《旅客》一书中写的那样：

无论身在何地，我们只能把自己托付给自己。

自己的运气要靠自己创造或寻找。

"自我"是人们获取美好事物的最伟大的源泉。人们在自己身上发现快乐的源泉越多，他便越幸福。所以，亚里士多德指出过这样一条伟大真理："幸福属于那些能够自得其乐的人。"参见《欧德谟伦理学》第七卷第二章。

因为幸福的其他源泉，就其本性而言，都是不可靠、不确定、极为短暂和偶然巧合的。因此，即使在最为有利的条件下，它们也很容易消耗殆尽，并且这是无法避免的，因为我们不能轻易控制它们。

到了老年，这些产生幸福的源泉都一定会枯竭——爱情的美好、聪明才智、旅行的兴趣、马背上的欢乐，以及社交的激情都离我们越来越远，甚至连亲人、朋友也都被死神从我们身边一一带走。这时我们就更要依靠自己内在的东西，因为只有这种内在的东西才能长久地陪伴我们。不过不管在哪一年龄阶段，这种内在的东西都是真正的并且是唯一持久的幸福来源。

在这个世界上的任何地方，我们都不可能得到任何东西。世界到处充斥着悲哀和痛苦，对于侥幸逃脱了悲哀和痛苦的人来说，无处不有的厌倦正等着他，他别无选择。道高一尺，魔高一丈，愚蠢的嗓门叫喊得最为响亮，他们的话语也更有分量。

命运残酷无情，人类孱弱可怜。在这个世界上，一个拥有丰富内在的人，就像在十二月的夜晚，数九寒天的冰天雪地里，拥有一间明亮温暖、充满幸福的圣诞小屋。**所以，谁拥有这种优秀而丰富的人格，谁无疑便能获得世界上最为幸福的命运，尽管命运的发展结果并不一定最为光辉夺目。**

瑞典女王克利斯蒂娜在19岁时对笛卡尔进行评论时说的话聪明至极。她通过人们对笛卡尔的传闻以及一篇文章得知他在荷兰极其孤独地生活了20年之久，她说："笛卡尔先生是最幸福的人，他的处境真是太令我羡慕了。"当然，一个人要想像笛卡尔这样，还必须要有足够有利的外部条件，使他能成为生活和幸福的主人；或者正如我们在《传道书》里所看到的："智慧加上遗产最美好，那对活着的人很有用。"谁要是在天性和命运中被赋予了智慧，那他最为关注和渴望的就应是维护他固有幸福的基础。

为了达到这一目的，必须能够独立自主并且拥有闲暇，这样他才会甘愿克制自己的欲望，节制自己的娱乐消遣。因为他的愉悦并不像其他人那样局限于外部世界。

因此，他不会因追求加官晋爵，牟取钱财、好的名声或他人的赞誉而误入歧途，也不会放纵自己满足低俗的欲望和粗鄙的趣味；在这种情况下，他就会听从贺拉斯在给麦凯纳斯的书信中对其的劝告："舍弃其内而求之于外，为了外在的荣耀、富贵、名声等放弃心灵的平静以及闲暇和独立，是一种极为愚蠢的行为。"

即我时而赞美牲畜的饱食无事，时而倾向阿拉伯人的富有悠闲和自然奔放。歌德正是这样做的。但我的乐趣却来自另外不同的方向。

我在这里坚持的真理，即**人的幸福主要源自人的内在**，在亚里士多德的《尼各马可伦理学》参见《尼各马可伦理学》第一卷第七章，第七卷第十三、十四章中有极为精当的评说。亚里士多德认为，一切快乐都是以人的某种活动、某种能力的作用为先决条件的，离开了这一先决条件，快乐也就无从谈起。他还认为，人的幸福就在于无拘束地施展他的最高能力。

斯托伯乌斯在对逍遥派哲学进行诠释时也确切地阐明了这一思想，他说，幸福意味着在所做的一切事情上，行动具有魄力且取得期待的效果。他解释说，“魄力”这个词指的是驾驭一切事物的能力，不管这事情是什么样的，自然赋予人那些力量的最初目的，就是使他有能力去和那些所有困扰他的难题做斗争，一旦斗争停止了，那些没有被运用而发挥作用的力量就会成为他的负担；他必须用这些力量来工作和娱乐——我的意思是说，除了为免于他随时都面临的引起别的痛苦和烦恼的原因外，使用这些力量根本就不带任何别的目的。

没有真正的需要，就没有真正的快乐

上层社会的富人们才是受烦恼折磨最深的牺牲品。卢克莱修在很早以前就曾描述过富人们的可怜样子。直到今天人们仍然觉得他的描述包含着真理：

那厌倦于待在自己家里的人，
常常离开他偌大的房屋到外面去，
但是他立刻就转回来，
因为在外面也不见得有什么好。
他骑着他那高尔种的马疾驰而去，
疯狂地奔往他的别墅，急急忙忙，
好像赶去帮忙救一座着了火的房子。
当他的双脚一踏进门槛，
他就立刻打起呵欠来，
或者昏昏沉沉地想睡觉，
寻求着把一切都忘却，
或者急急忙忙地再赶回城里。参见卢克莱修的《物性论》，第186页。三联书店，1958年版。

这样的人在年轻的时候，一定有旺盛的精力和体力——那是与心灵力量完全不同的力量，这些力量并不能长久地保持这种充沛的活力，到了晚年时，他们在精神上的力量就消失殆尽，也再没有想发挥这些力量的思想，因此他们处境困顿窘迫。

但他们还有唯一没有枯竭的力量，那就是意志。他们用易使人激动的兴奋剂来刺激自己的意志，例如，在靠运气取胜的游戏中下很大的赌注——这无疑是一种最为堕落的恶习。也许有人会肤浅地认为，如果一个人觉得自己无事可做，那么他必须得选择一种能够运用他所擅长的能力的娱乐——如打球、下棋、打猎、绘画、骑马、打牌，或研究文章、音乐、诗歌或哲学，或对于其他科学和艺术的只有一知半解的业余爱好。

我们可以对人的能力的所有外在表现的根源进行探究，也就是把这些爱好还原成三种生理基本能力或因素。而且，我们需要撇开任何有益的、明确的目的，把这些能力的发挥和活动看作引起潜在快乐的三种根源。每个人根据他所擅长的某一方面，都会有适合自己的一类快乐。

第一类是旺盛精力导致的快乐，包括饮食、休息和睡眠。这些快乐在世界上各个不同的地方具有不同的特点和特色。

第二类是发挥强健体力产生的快乐，如散步、跑步、跳舞、击剑、骑马以及其他各种类似的体育消遣，这种需求采取的形式不同，有时是运动，有时甚至是军事生活或纯粹的战争。

第三类是由感觉能力所引起的快乐，如观察、思考、感受，或鉴赏诗歌文化、演奏音乐、学习、阅读、沉思、发明、思考哲学以及诸如此类的事物。至于每种快乐的意义，相对的价值以及所能维持的时间，可以谈论的或许还有很多，但是我想还是让读者们自己来补充好了。

越有思想的人越快乐

我们都会看到，发挥的能力越杰出，那么它所产生的快乐便越多；因为快乐总是以运用、发挥我们自己的能力为前提，经常不断地感觉到快乐，才能构成幸福。

在这一点上没有人会否认，感觉能力的快乐要比其他两种基本的快乐更为优越，因为感觉能力的优势将人和动物区别开来，但另外两种快乐在野兽之中也一样存在，只是在程度上更高一些而已。精神的力量乃是感觉能力的形式，所以卓越的感觉能力可以使我们获得与心灵相关的快乐，亦即所谓的理智的快乐。感觉能力越卓越，所获得的理智的快乐便越多。

能让寻常人特别感兴趣的，只有那些能使他的意志激动起来的事物，也就是说，那种让他个人高兴的材料。然而我们至少能够这样说，不断地刺激意志绝非一件纯粹的好事；换句话说，它包含着痛苦。

纸牌游戏这种随处可见的“优雅社交”的一般娱乐，便是为了提供这种刺激而发明的。但它带给人们的乐趣是如此短暂、轻微，所产生的结果反倒是真正的、永远的痛苦。实际上，纸牌游戏无非只能激动激动意志罢了。

另一方面，能使理智健全的人产生浓厚兴趣的只有那些与知识相关的事物，而不掺杂任何意志的成分，而且他一定会有这样的兴趣。

这便使他置身于一个排斥痛苦的境界——神圣的云霄，神无比安然地生活在那里。来看一看下面这两幅画面吧——芸芸众生的生活浑浑噩噩，单调乏味的经历，为了个人的安逸，专事于渺小的、微不足道的福利，并为此苦苦奋斗，不辞辛劳，其实是完全的痛苦。一旦达到了那些目的，并且不得不依靠内在时，无尽的烦恼就会困扰他们。

此时，他只有得到疯狂的热情的鼓励，才会再去从事某种活动。另一方面，我们会看到，拥有极大精神力量的人过着思想丰富、充实多彩、意味无穷的生活，一旦他不受约束地去从事这些工作，那些客观的对象便有了价值，并且变得妙趣横生，最为惬意的愉快便从他自身产生出来。能够刺激他的外在事物来自大自然的杰作，产生于对人生、对伟大的时代和各个伟大国度所取得的辉煌成就的沉思。只有这种人才可以完全欣赏这一切，因为只有他才能真正理解和感知到这些。

数不清的人仅仅是为了他而活着，他们呼吁他，其他的人仅仅是偶然听到了这个呼吁而已，不管是对他们还是对他们的追随者，这些人都只是囿于一知半解。

当然，理智人的这种特性意味着，和其他人相比他有更多的需要，他需要学习、观察、研究、冥思苦想、实践，简言之，需要没有任何干扰的闲暇。

这正像伏尔泰说过的那样："没有真正的需要，就不会有真正的快乐。"有对这些事物的需要——大自然、艺术和文学中的各种各样的美好事物，是这样的人能够理解快乐的原因，而其他的人则拒绝接受快乐。

如果一个人既不欣赏这些快乐，也不想得到这些快乐，那么即使他的周围满是快乐，他也会像垂死的老人陷入爱情一样，完全白费心力；而人一旦超人一等，便会过上双重的生活，一种是肉体的生活，另一种是理智的生活；后者逐渐被人看成真正的生活，而前者则被认为只是达到后者的中介。

但对于有些人来说，只有这种肤浅空虚、忧虑烦恼的生存方式才是他们追求的。相比他们的所有其他消遣，前者更加偏爱理智生活。由于洞察力日益敏锐，知识持续增长，这种理智的生活变得越来越连贯一致，永远是那么强烈，并形成一个越来越完善的整体，就像一件逐渐变得完美的艺术品。

与理智的生活相比，那种以追求肉体安逸舒适为目标，且范围宽泛、实质肤浅的生活，显得多么无聊可悲。然而，正如我已经说过的，在本质上，这种卑劣粗俗的生活方式是人们追求的。日常生活中，我们如果没有受到激情的刺激，便会感到无聊厌烦、枯燥乏味；一旦有了激情，生活又会很快变得痛苦不堪。

只有那些被自然赋予了超凡理智的人才是幸福的，他们被自然赋予了除必须听从其意志命令的东西以外的某些事物；这能够让他们在过理智生活的同时，还享有一种没有痛苦的趣味横生的生活。

仅仅拥有闲暇，即没有理智而只有意志的作用，是远远不够的，必须具备实在的超人的力量，向理智求助而免于意志的作用；正如塞涅卡所说：“无知者的闲暇莫过于死亡，是生存的坟墓。”随着实在的能力的变化，心灵的生活也发生变化，所以心灵的生活可以永无止境地展开。它或许仅仅是各种昆虫、鸟兽、矿石、钱币，或者文学与哲学的最高成就聚集起来的标记符号；心灵的生活既能抵御烦恼，也可以防止烦恼的有害影响。它使我们避免不好的社交，以及许许多多的危险、灾难以及奢侈浪费。

而那些完全是在外部世界建立自己幸福的人，则无可避免地要遭遇这一切。例如，虽然我的哲学从未给我赢得一个小钱，但它却让我避免了许多损失。

内在的富足才是真正的富有

常人将他的身外之物视为生活幸福的根据，如财产、地位、妻子、儿女、朋友、社交，以及像这样的一切；因此，一旦他失去了这些，或者对这些的幻想破灭，那么，他的幸福的基础也就完全崩溃了。

换个说法就是，他的重心在他自身之外。因为他的各种愿望和奇怪的想法总是在不断地变化，如果他是一个拥有财富的人，那么他的重心有时是他的乡间住宅，有时则是良种马匹，或举行宴会，或出外旅行——简单地说，过着极尽奢华的生活，这是因为他只能在他的身外之物中寻找快乐。

就像有些人，不再健康且已没有足够的力量，他不去开发利用他自己的生命力——这才是他失去之物中真正重要的，而他却试图用果子浆和药物来重获健康和力量。在对相反情况进行讨论前，我们首先比较一下在两个极端情况下的这一类人，这种人并没有杰出的精神能力，但其理智又超出了一般人。他对艺术的爱好仅限于粗浅的涉猎，或者只对某个科学的分支——如植物学、物理学、天文学、历史等有兴趣，并从这种研究中得到极大的乐趣。当那些引起幸福的外在推动力一旦枯竭，或者无法满足他时，他就可以靠这些研究来取悦自己。

对于这样的人，我们才可以说，其重心部分存在于他自身。但这种对于艺术的一知半解的爱好与创造性的活动有很大的不同；对科学的业余研究容易仅停留在表面，且无法触及问题的实质。人不应当将自己的身心完全投入到这样的追求上来，或者让自己整个的生活被这些追求完全占据，以至于对除此之外的任何事物都失去了兴趣。只有最高的理智能力，也就是被我们称为天资的东西，不管它把生活看作什么，诗的主题也好，哲学的主题也好，才能对所有的时代和一切存在进行研究，并尽力表达自己关于世界的独特见解。

因此，对于天才来说，最为迫切的需要是不受外界的干扰，以便忙于自己的思想及作品；他乐于孤寂，闲暇给他愉快，而其他的一切都是多余的，甚至那不啻是一种负担。

只有这样的人，才可以说他的重心完全在他自身；这就说明了，这样极其稀罕的人，无论他们的性格多么好，也不会对朋友、家庭或公众，表现出过多的热情和兴趣，而其他人则经常如此。

如果他们拥有内在，那么就算失去了其他的任何东西，他们也不会感到沮丧。他们的性格因此有了孤寂的基础，由于其他人绝不能让他们感到满意，因而这种孤寂对他们就更加有效。

总体来说，他们就如同本性和别人不同的人，因为他们时刻能强烈地感到这种差别，所以他们也就习惯了作为另类的人生活在人群中，对人类进行一般的思考时，他们用“他们”来指称人类，而非“我们”。

所以，我们得到这样的结论，**被自然赋予理智财富的人是最幸福的人**，主观世界比起客观世界和我们的关系更紧密；因为不管客观事物是什么，都只能间接地、以主观的东西为媒介才能发挥作用。

卢西安说，灵魂的内在财富才是唯一真正的财富，其他别的东西甚至会导致极大的毁灭。内心丰富的人对于外在的东西没有任何要求，但需要与之相反的闲暇。他需要闲暇锻炼和发展自己的理智能力，即享受自己的这种财富；简单来说，在他的一生中的每个时刻，他只需要表现他自己。

假如他注定要用这种特性的心灵对整个民族产生影响，那么衡量他是否幸福的方式只有一种——是否能够完美发掘自己的能力，完成自己的使命。除此之外，其他一切都无关紧要。

因此，每个时代里的最有才智的人都视无干扰的闲暇是最有价值的，就好像它和人本身同样重要。“幸福由闲暇构成”参见《尼各马可伦理学》第十卷第七章，亚里士多德这样说过。据第欧根尼·拉尔修记载：“苏格拉底认为我们所能拥有的最美好的东西就是闲暇。”

所以，亚里士多德在《尼各马可伦理学》一书中，将献身于哲学的生活称为最幸福的生活；他在《政治学》中也曾说过相关的话：“不管什么才能，只要得到自由地发挥，就是幸福。”参见《政治学》第四卷第十一章。歌德在《威廉·迈斯特》中所说的也与此完全一致：“生而有天才，并且要发挥这种天才的人，在发挥其天赋时就会得到最大的幸福。”

然而，拥有无干扰的闲暇对普通人的命运来说注定是难得的，并且它亦不属于人的本性，因为一般人命中注定要终生为他本人以及他的家人谋求赖以生存的东西，他为求得生存而艰难支撑，没有过多的智力活动。

所以，无干扰的闲暇很快就会使一般人感到厌倦，如果不能通过一些幻想的、虚假的目的来占有它，如玩乐、消遣，以及所有嗜好，人生便会成为一个沉重的负担。基于这个原因，闲暇还会给人们带来种种可能的威胁，正如那句格言所说："一旦无所事事，难以保持平静。"

在另一方面，理智太过超常也是反常的，亦即违反自然的。但是如果真有这样一个拥有超常理智的人，那么，无干扰的闲暇对于他的幸福便是必不可少的——尽管对于其他人来说，闲暇是难以负担的、有害的；一旦缺少了闲暇，他便会犹如套上缰绳的珀伽索斯希腊神话中的动物，形似骏马，但长有翅膀，传说被他踩过的土地会有泉水出现，诗人只要喝下泉水，便会产生灵感，遭遇不幸。

如果上述这两种情况，即外在的无干扰的闲暇与内在的超常的理智，碰巧在同一人身上结合在一起，那便是一种极大的幸运；如果结局一直令人满意，那么这个人就会享有一种更为高级的人生，也就是说，免于痛苦和烦恼，免于为生存而疲于奔命，能够享受闲暇的人生这本身便是自由自在的存在——只需彼此中和抵消，人们便会摆脱不幸。

知识越多，烦恼越多?

然而，存在一些和这种看法相反的说法。超常的理智意味着性格极为神经质，因此对各种形式的痛苦的感受能力被大大加强了。

而且，这种天赋意味着性格狂热执着，想象更为夸张鲜明。这种想象和超常的理智如影随形，不可分离，具有这种想象的人会因它产生程度相同的强烈情感，而对于寻常的人，较轻微的情感就能使其深受其苦。

世界上的事情，产生痛苦的要多于引起快乐的。理智的禀赋使得有这些禀赋的人远离其他人及其所作所为；因为一个人自身越丰富，他在别人那里所能得到的便越少，别人感兴趣的许多事物，在他眼里既浅薄又乏味，这里也许存在着那随处可见的补偿法则的例子。有人经常似是而非地说到，实质上心灵狭隘的人是最幸福的人，虽然并不会有人羡慕他的这种幸运。关于这一点，除非读者自己已做出判断，否则我不打算表明我的看法。

特别是因为索福克勒斯在这一问题上给出了两种完全

相矛盾的意见。他说思想是“幸福最主要的因素”；但在别的地方，他又说“没有思想的生活是最快乐的生活”。

在《旧约全书》里，哲人们也发现他们自己面临同样的矛盾。如《圣经外传》上写道：“相比死亡，愚昧无知的生活要更为可怕。”而在《旧约 · 传道书》中又说：“有多少智慧便有多少不幸，创造了知识就等于创造了悲哀。”

别做没有精神追求的庸人

精神空虚贫乏的人因为具有狭隘偏执、平庸流俗的理智，所以严格地说，只能被称为“庸人”原文为philister——这是德语的一种特殊表达，源自大学里所流行的俚语；后来，这一名称在使用的过程中通过类比的方法有了更深的含义，尽管它仍有着原来的含义，意思是指缺乏灵感的人，“庸人”便是没有灵感的人。

我宁愿采取更为偏激的观点，将“庸人”定义为那些为着自以为实而实际上并不真实的现实而忙忙碌碌的人；但这样的定义还仅仅是一种抽象模糊的界说，所以比较难理解，在这篇论文里出现这样的定义几乎是欠妥的，因为本文所采用的是大众的视角。如果我们能令人满意地将庸人的那些特质揭示出来，那么我们就能很容易地阐明其他的定义。

我们可以说他们是缺少精神需要的人。由此可以得出：首先，对于自身，他没有理智上的快乐；如前所述，没有真正的需要，就不会有真正的快乐。庸人们并没有获取知识的欲望，为他们自身着想的远见卓识，也没有那非常接近他们的、富于真正审美乐趣的体验，给他们的生活灌注活力。

如果某种快乐在上流社会受到欢迎，那么这些庸人便会强迫自己趋之若鹜，但他们所发现的快乐却非常有限。对他们来说，真正的快乐只能是感官的快乐，他们认为只有这种快乐才能弥补其他方面的损失。在他们看来，牡蛎和香槟酒便是生活的最高境界。

他们生活的目的就是为自己获取能给他们带来物质福利的东西。虽然这会给他们带来一些苦恼，但他们的确会为此感到幸福。而从一开始就让他们沉浸在奢侈豪华的生活之中，他们就会不可避免地感到烦恼。为了解除苦恼，他们玩球，打牌，看戏，跳舞，饮酒，旅行，赛马，等等，但所有这些并不足以使人免于烦恼，因为缺少了理智的需要，也就不可能有理智的快乐。庸人们有一个特征，那就是呆滞愚笨，麻木不仁，类似于动物。没有什么东西能使他们高兴、激动或感兴趣，那种感官的快乐一旦消散，他们的社会交往便马上成为负担，有人或许便会厌倦打牌了。

无论如何，他们还剩下浮华虚荣的快乐，他们能够通过这些虚荣来享受自己实实在在的快乐，如果他们感到自己在财富、社会地位上，或者权势及影响力方面，都高人一等，并以此获得他人对自己的尊重；或者去追随拥有这些东西的人，借他们的光辉来荣耀自己，就成了英国人所说的“势利鬼”。

其次，从庸人的本性来看，由于没有精神的需要，只有物质的需求，所以他们在与他人的交往中，会寻求那些能够满足他们的物质需要而非精神需要的人。从朋友那里得到任何形式的理智能力都被他们视为最无关紧要的事情；而且，当他们碰巧遇上别人拥有这种突出的能力时，反而会引起他们的反感，甚至憎恶。

原因非常简单，因为他们有着令人不快的自卑感，以及在内心深处感受到的一种愚蠢的妒意，而他们只能小心翼翼地把这种妒意隐藏起来。

但这样一来，这种妒忌就会变成一种深藏不露的积怨。尽管如此，他们也永远不会想到让自己的价值或财富观念同这样一些性质的标准一致。他们持续地追求着地位、财富、权势和影响力，在他们眼里，只有这些东西才是世界上真正一本万利的东西；他们志在使自己擅长在这些方面谋取福利，这便是没有精神需求的人的结局。

所有庸人最大的苦恼就在于对理想毫无兴趣，为了免于苦恼，他们不断地需要实实在在的东西，而这些东西不仅无法使人知足，也相当危险。一旦对这些失去了兴趣，他们便会疲惫不堪。相比较而言，理想的世界是平静的，且广阔无边，它是“来自我们忧伤领域之外的某种东西”。

在上述有关个人品性给人带来幸福的论说中，我关注的主要是人的自然的和理智的本性。至于道德对幸福的直接的和间接的影响，请参照我的获奖论文《道德的基础》（第22节）。

Part 3

做幸福的主人，不做财富的奴隶

很多人发现自己有着无尽的需求，其原因就在于，当他们有钱时，就靠花钱解忧，以便从折磨他们的烦恼中得到片刻的解脱。

财富如海水，喝得越多越口渴

伟大的幸福论者伊壁鸠鲁将人的需要分为三类，他所做的划分自然无比精妙。第一种是自然必需的需要，如衣服和食物，以及其他一些极易得到满足的需要。当这种需要不能得到满足时，便会产生痛苦。

第二种是自然的但不是必需的需要，如某些感官的满足。在这里我要附带说明一点，根据第欧根尼·拉尔修的记载，伊壁鸠鲁并未指明是哪些感官；因此，和他的这个学说相比，我在这一点上的阐述或许就更为详尽精确：这些需要很难得到满足。

第三种是既非自然又非必需的需要，它们是奢侈、排场、身居要职、光宗耀祖的需要，这种需要没有止境，更加难以满足。参见第欧根尼·拉尔修《名哲言行录》第10卷，第27节，第127—149页。

确定理性对渴求财富的欲望施加影响的程度也是非常困难的。因为使人感到满足的财富量并非绝对不变或明确有数的。财富的数量只是相对而言的，也就是说，正好在一个人所求的和他所得的两者之间维持着一定的比例。因为只根据一个人所得的而不根据他所希望得到的来衡量他的幸福，就如同写出一种只有分子而无分母的分数来，是一样的无效。

失去从来不会引起我们需求的东西，我们是不会有什么感觉的；没有它们，我们依然幸福。而另一方面，如果我们想得到某种东西却无法得到，其他的东西即便再多也会让人沮丧苦恼。

因此，事实上，每个人都有自己的标准，而我们希望在这一标准内能得到尽可能多的东西。在这一标准内的事物，只要我们有信心获得，便会感到幸福，否则，便会苦恼。超出这标准的东西，对我们根本没有作用。因此富人的丰厚家产并不会令穷人激动难安。

相反，富甲一方的人也无法用财富告慰自己希望的破灭。有人说，财富如海水，喝得越多越是口渴，名声也是如此。除了最初的痛苦，失去财富并不会使他从前的习性改变。

原因就在于，一旦无法摆脱财富数量减少的命运，人们便会自动减少自己所要求的数量。但不幸一旦降临，降低要求就是最为痛苦的事情了。如果我们一旦照此做了，痛苦便会越来越小，直至不存在，这就如同已经痊愈的旧伤口。

相反，一旦好运降临，我们的胃口便会越来越大，直至无所约束。这种急速膨胀的感觉让人快乐。但这种感觉膨胀的过程一旦结束，快乐也就消失得无影无踪了。我们习惯了欲求不断增长，因而对于能达到这些需求的财富便不再关心。《奥德赛》中有一段话揭示了这一真理，我引用最后的两行：

人们静思尘世的思想，

如同人神之父所予的白昼。

当我们无力增长能满足各种欲求的财富，我们便会因不断努力想增长财富的欲望而受尽折磨。

一想到人类的需求如此之多，人类的生存如何建立在这些需求上，我们便不会惊讶于财富为何会赢得比世界上其他东西都更为纯真的敬意与极大的荣耀；对于有些人认为只有谋利才能使生活变得更好，而不能达成此目的的其他所有事物——如哲学家从事的哲学——都可弃之不顾，我们也就不必疑惑不解了。那些欲求、钱财甚于其他或嗜财如命的人常常受到谴责，但是作为人来说，喜欢那不知疲倦、多变的东西，即想变成什么或想要什么便能得到满足的东西，是自然的，甚至是无法避免的。

其他的任一事物都只能满足一个愿望一种需求、如食物，只是在饥饿时才是美好的；酒，只有在被享受时才为人所爱；生病时需要药物，皮裘能抵御冬天的严寒，爱情能满足年轻人的情感，诸如此类。这一切的善都只是相对的，只有财富的善才是绝对的，因为财富不但能满足我们对于某一特殊事物的具体需要，也能满足我们其他的需要。

穷人更容易奢侈挥霍

如果一个人拥有一笔财富，有幸不受饥寒之苦，可以过闲适自在的生活，那么他便会将此当作抵御他可能遭遇的多种痛苦和不幸的保障；他不会认为，为了获得人生的快乐便可以肆意放纵，或者用这种方式不负责任地挥霍钱财。

生而没有这一殊荣，但充分发挥了自己所有的才干，终成巨富的人，常将自己的天赋看成自己的资本，而所赚取的钱财只是这一资本所生的利润而已。如果只获取了永久性资本的部分收益，他们是绝不会罢休的。但一旦堆金积玉，他们便大肆挥霍。所以，他们又常常再次陷入穷困，收入不断减少，到最后完全没有进项，原因就在于，他们才能的枯竭或时过境迁，他们的天才已没有用武之地——在优秀的艺术家那里，这样的事情经常发生，而且，他们的才能只有在适当、特殊的环境里才有效益，一旦环境改变，他们的才能便不再奏效。

没有任何东西能使那些依靠自己的手艺为生的人不这样对待他们的财富，如果他们愿意；因为他们的手艺不会失去，即使某人失去了手艺，他的同行的手艺尽可以替代，而且永远都有人从事他们所从事的工作。所以有一句格言道出了事情的真谛："一门有用的手艺就是一座金矿。"

然而相对于所有艺术家和专家来说，情况则大不相同，这也是他们报酬优厚的原因。他们应当将他们的部分收益当作资本，但是他们却不计后果地只将这些收益当成利润，结局只能是日益窘困。

此外，那些继承了钱财的人至少清楚该怎样区分资本和利润，而且大部分人都努力保全他们的资本，使之免受损失。如果能力能达到，他们至少会存起八分之一的利润以备将来的紧急之需，所以他们中的大部分人都能保住自己的地位。但上面有关资本和利润的陈述在商业生活中并不适用，**金钱对于商人来说，就好比工具对于工人，只是用来获取更多利益的媒介**。

因此，即便他们利用手中的资本完全达到了他们为之努力的目的，他们还会用它来保有财产并使资本增值。所以，财富在任何地方都不会像在商人阶层里那样，被当成极其平常的事物。

通常我们可以看到，比起家境富裕、仅听闻贫困的人，那些真正知道和切身体验过贫困的人更不会去为需求而担忧，因而就更容易奢侈挥霍。

一般说来，成长于优越环境里的人，事实上比起那些凭运气突然摆脱贫困的暴发户，对待未来要更为慎重、认真，在生活上要更为节俭。因为贫穷离我们还很远，所以这样看来，贫穷倒好像并非一件真正让人痛苦的事情了。然而，其中真正的原因在于，财富在生而富有的人眼里就像空气一样重要，失去便无法生存；所以他们便会像保护自己的生命一样来保卫它。所以，他们喜欢有条不紊、谨慎、勤俭节约的生活。

但是，生而贫困的人则将贫穷看得十分自然，如果侥幸拥有财富，他们会认为它过分多余，因而要用它来消遣，把它挥霍掉，即便最后一无所有，他们仍然和从前一样，而且不必为金钱忧虑，正如莎士比亚在《亨利六世》中所说的：

……这一格言必被证实，乞丐骑马，马不累死不下马。

参见《亨利六世》第三幕，第一场。

但据说，这种人对于使他们摆脱了贫困、满足需要的命运以及某种特殊的手段，怀着极为坚定执着的希望——一种全身心地相信的愿望。所以，和生而富有的人一样，他们不会把贫困看成无底深渊。他们认为，即使已经彻底失败，但自己仍能再次振兴，并用这一思想来安慰自己。人类的这一特点可以说明这一事实，即和那些给丈夫带来丰厚嫁妆的太太相比，婚前贫苦的妻子贪心更大，而且更为奢侈。

因为一般而言，富家女带来的不仅是更多的财产，还有比贫家女更多的渴望和遗传的天性，以保护其财产。倘若有人对这一真理表示怀疑，认为情况恰恰相反，那么，阿里奥斯托的一首讽刺诗能给他提供维护其观点的证据；但另一方面，约翰逊博士的一段话则恰恰印证了我的观点，他说："出身富裕家庭的妇女，善于管理钱财，她会极为明智审慎地支配金钱；而一个因结婚而第一次牢牢地控制了金钱的女人，则非常热衷于花钱，穷奢极欲，把钱财花光也就不足为怪了。"

总之，我奉劝各位娶穷小姐为妻的先生们，只将利润留给她们，而不要给她们资产，并且千万不要将孩子们的财产交给她们来掌管。

财富是把双刃剑，学会驾驭财富

不管怎样，我认为，在奉劝人们谨慎保护自己所获得的利益或所继承的财产时，并不是在漫谈某些微不足道的话题；因为生活一开始就需要有足够使我们可以独立生活的资产，即不需要工作便能让我们过上舒适的生活。即使仅够一个人的生活费用，而不能满足家庭的需要。虽然不能对此给予过高的评价，但也算是一大优势；因为这使我们免受饥寒交迫之苦，而穷困潦倒就如瘟疫一般在人们生活的周围弥漫，自然赋予凡夫俗子们被迫劳作的命运，而资产可将人们从这种命运中解脱出来。

只有这样有命运相助的人，我们才能说他是自由的，即成为自己的时间和能力的主人，才能在每天早晨说："这一天属于我自己。"同理，年收入一百镑与年收入一千镑的人之间的差别，和年收入一百镑与一无所有的人之间的差别比起来，简直不值一提。

但是，一旦一个具有极高精神力量的人继承了财产，他便会创造出最大的价值，执意去追求一种和谋取金钱的生活全然不同的生活，因而倘若获得了财产，就如同命运给予了他双倍的恩赐，其天赋便能得到充分的发挥；而他以百倍于此的价值来回报人类，他取得了别人所无法取得的成就，他创作了某些作品，所有美好的事物都因之受益无穷，并且他提高了整个人性的尊严。

另一种人则或许会用自己所得的财产去从事慈善事业，为自己赢得大家的尊敬。但是，那些对上述事业不感兴趣的人，那些不想这样做的人，那些从未想过要了解某些知识的基本原理以便尽力来提高自己知识水平的人，即便生在富贵之家，也只不过是一个虚耗时光、游手好闲、卑劣下流的家伙而已。他不会感到幸福，因为对他来说，需要虽得到了满足，但会遭受另一种极端的痛苦——苦恼——的折磨。

倘若他因为贫困而有事可做，情况倒还好一些。一旦遇到苦恼，他便更倾向于挥霍浪费，从而失去他所不配的优越之处。很多人发现自己有着无尽的需求，其原因就在于，当他们有钱时，就靠花钱解忧，以便从折磨他们的烦恼中得到片刻的解脱。

出身贫寒，有时也是一种优势

如果有人以政治生涯上的成功作为奋斗目标，那就是两码事了。在政治生涯中，他人的好感、朋友以及党派团体都是帮助他加官晋爵，使他平步青云的重要因素。

在这样的生活中，家徒壁立、一文不名的人是比较容易实现目标的。假如这个人拥有天赋，且胸怀宏愿，并非来自门庭显赫之家，那么穷困潦倒更能促使他发挥自己的优势。

因为在平常和人相处时，几乎所有人的最大愿望都是要证明自己胜人一筹，这种情况在政界表现得尤为明显。因此，只有出身寒门的人，自感无论在哪个方面都彻底不如他人的人，一文不名、无足轻重的人，才能够悄然在政治舞台上获得一席之地。

只有他能做到一直卑躬屈膝、曲意逢迎，如有必要，甚至会真实地表现出来；**只有他能屈从于一切，而又藐视一切；只有他才懂得功勋荣誉一文不值**；在必须和上级长官以及达官显贵交谈或通信时，只有他不会粗声粗气，鲁莽冒失，如果他的上司随手乱涂了几笔，他就会大加称赞，将之誉为妙笔杰作；只有他在几乎还是孩子时，就知道该如何去恳求。所以没过多久，他就成了洞察这一隐秘的高级僧侣，歌德揭示了这一隐秘：

抱怨卑贱的目的毫无用处，

因为不管人们说什么，

都是它们在支配整个世界。

另一方面，生来便不愁温饱的人，一般而言，心灵上往往倾向于独立自主。他习惯于高视阔步，或许他会有些滥用天赋，虽然这一点他应当知道，他绝不会用这种能力去和那些奴颜婢膝的平庸之辈一争高低；他终究会看清那些居高位者的卑劣无能，如果他们冒犯了他，他会表现得倔强与不屑。

而在这个世界上生存，这并不是个好办法。而且，这样的人至少会赞同伏尔泰曾直率表达的这一观点："即使我们还能再活两天，但若要向卑鄙无耻的恶棍委曲求全，那我们宁可马上死去。"

顺便说一句，卑鄙无耻的恶棍是可恶讨厌之辈的标志。朱韦纳尔说："要问贫穷是否比天赋更重要，那是很困难的。"比起政治抱负及社交愿望，这句话更适合艺术和文学的生活。

在我的叙述中，妻子、儿女并不属于个人的所有物，毋宁说他是妻子、儿女的所有物，毫无疑问朋友是属于这一项的；但朋友属于他自己，而他也同样属于他的朋友，两者的关系是相互的。

Part 4

名誉与傲慢的假象

过分地重视他人的看法，是人类共有的顽疾。不管它的来源是什么，它无疑对我们的所作所为产生了不好的影响，而且十分有害于我们的幸福。

谎言为什么受欢迎?

人性有这样一个非常特别的弱点，即人们通常过分重视别人对自己的看法，虽然这种看法对自身造成的影响非常有限，不管别人的意见如何，它自身与幸福并没有本质的联系。

让我难以理解的是，人人都会因得到别人好评，或虚荣心得到恭维而由衷地感到高兴。如果有人打猫，猫必定会“喵喵”地叫唤；同样，如果你称赞一个人，那他的脸上便会露出甜蜜的微笑。如果受到赞美的事情正是他引以为豪的，那么即使这种赞美是明显的谎言，也会受到他的欢迎。只要有人称赞他，即便有天大的不幸，或者，即便他从以上所说过的两种幸福的源泉中所得甚少，他仍会得到安慰。

相反，人们妄自尊大的心理一旦受到打击——不管这种伤害的性质、程度以及情形如何，或者被人忽视，遭人轻蔑鄙弃，他便顿生烦恼，有时甚至陷入深深的痛苦之中，这真让人莫名其妙，但确确实实又是这样。

如果期望受人尊重是基于人性的这种特性产生的，那么它就可以取代德行，对芸芸众生的康乐产生积极的影响。然而对人们的幸福，特别是对于和幸福浑然一体的心灵的安宁与独立，非但没有益处，反而扰乱了我们内心的平静，对我们的幸福产生了损害。

所以，我们认为，尽可能克服这一弱点，并及时地考虑和正确地评价我们的优点、性情，他人的意见，等等，是非常有益的。因为不论这种意见是否属于谄媚之词，听的人还是会导致高兴或痛苦，否则一个人便不会成为他人意志的奴隶——可见，对一颗渴求赞美的心灵进行扰乱或抚慰都是非常容易的！

别过于在意他人的看法

如果将一个人自身的本质与目的的价值同别人对他的评价的价值做一对比，我们的幸福就会源远流长，绵延不绝。前者包括了我们在活着时的一切，包括使生活获得其本质的东西，简单来说，包括我们在人格与财产两类中的一切优点；在此范围内所发生的一切都存在于人们自己的意识中。

然而，在别人眼中的我们的范围里所发生的一切，都存在于他们的意识中，而不是我们的意识中；这包括我们在他们眼中的形象，和由此激发的种种看法我注意到，那些处于人生巅峰，拥有辉煌壮丽的成就和奢侈浮华生活的人们会说，“我们的幸福完全在于我们自己，因为它存在于其他人的头顶上”。但是，这些对我们的生存并没有直接的或最接近的影响，它们只能间接地对我们产生影响，到此为止，以及只有在他人的评价使我们的行为举止发生改变时，它的影响才是直接的；它只有在能够使我们削弱我们的本质和目的时才会影响我们。除此之外，他人意识中的一切对于我们都是次要的。

一旦我们看到，大多数人的思想是那么无知浅薄，观念是那么狭隘，情操是那么平庸粗俗，意见是那么恶毒，他们错误频出，无比荒谬，而且，当我们由经验得知，有人在背后诋毁他的伙伴，而他并不害怕对方，或者他知道他的话并不会传到对方耳朵里时，我们便会立即对别人的意见置之不理。如果我们有机会看到，面对傻瓜，伟人是如何泰然自若、轻描淡写，那么我们就会明白，过高地估价他人所说的话，未免太尊敬他们了。

总之，有人情况极差，他不能在我们前述的两种情形中得到任何幸福，只得在第三种幸福中去寻找，换句话说，他不能在他自身的本质中找到幸福，而只能寄希望于别人看待“他是什么”。

但我们的体格是整个幸福的本质的基础，所以健康是幸福最为本质的要素，其次是维持我们独立自主、无忧无虑的生活的能力。一方面，在这两者之间既不存在谁更优先的问题，也不能相互替代；但另一方面，我们又给后者，给荣华富贵更高的评价。如果必须那样做，人们为了前者会毫不犹豫地牺牲后者。

如果我们及时认清了这一简单道理，即任何人的首要价值以及真正的人生都掌握在自己手里，而并非在别人对他的看法里，那么，我们个人生活的现实条件——健康、气质、能力、收入、妻子、孩子、朋友、住宅等，对我们的幸福来说，要比别人对我们的看法重要千百倍。认清了这一点，我们便会尽力营造我们的幸福，否则，我们便会苦恼不堪。

如果有人认为，受人尊敬地生活更为重要，那么他的意思是，和别人的意见相比，美好的生活毫无价值；当然，这种说法有些夸张，只是用来表明这一实实在在的真理：“如果我们想在这个世界上迈步前进，别人对我们的看法，即名誉是不可或缺的。”

但我们还是回到现在这个问题。我们看到，人们费尽心机，历尽千难万险，毕生所求的几乎所有的东西，不外乎提高别人对他的评价；我们看到，人们不仅把官职、头衔、勋章，而且把财产，甚至知识和艺术，作为全部努力的最高目的来追求，仅仅是为了求取同伴们更多的尊敬，这些不正是人类极度愚蠢的可悲的证据吗？过分地重视他人的看法，是人类共有的顽疾，它或许源于人类的本性，或许是文明以及一般意义上的社会安排所带来的后果。但不管它的来源是什么，它无疑对我们的所作所为产生了不好的影响，而且十分有害于我们的幸福。

我们可以从以下几方面进行考查，即畏惧他人的意见，且抱着盲从的态度，最终引发这样一种情感，正是这种情感造成了弗吉尼厄斯将匕首刺进妹妹心脏的悲剧，或者诱使许多人为了死后的荣耀而牺牲平静、财富、健康，甚至生命本身。这种情感无疑是人们手头上用来控制和支配其同伴的极为便利的工具。

因此，我们可以看到，在所有训练人性的计划中，保持并进一步加强渴求荣耀的情感占有一席要地。但是，至于它对幸福的影响，那又是完全不同的另一回事，我们在此处讨论的是人的幸福，而且，我们更感兴趣的是奉劝人们不要过多地考虑他人对自己的看法。

拔除虚荣这根刺

通过日常的经验，我们知道，人们正是在这一点上不断地犯错误；绝大多数人极度重视他人的所思所想，更为关注他人的意见，而忽视了自己意识中的思想，忽视了对自己最为直接的东西。他们颠倒了自然秩序——把别人的意见当成真实的存在，而把自己的意识当作某种含混不明的东西。他们本末倒置，舍本逐末，把别人为他们所画的像看得比他们本人还重要。他们试图从那间接存在的东西里得到真实而直接的结果，这样就使他们陷入愚昧的“虚荣”中。

“虚荣”这个词是对那种追求没有实在价值的东西的心理的最恰当表达。这样的人就像守财奴，忘却了应当追求的是目的，而去热切地追求手段。

事实上，我们对他人意见的重视以及为它所做的不懈努力，同我们在理智上所希望达到的结果极不相称。所以，对于这种对别人态度的关注，我们可以将其看作每个人与生俱来一般的迷狂症。

我们每做一件事，首先考虑的几乎都是“别人将会说些什么”。生活中几乎有一半的忧愁烦恼，都来自我们在这方面的操心过度。这种担忧归根结底不过就是一种妄自尊大的情感而已，因为它敏感到了几乎变态的地步，所以这种自尊心非常容易受到伤害。我们的虚荣心、装模作样、自我炫耀以及狂妄自大，都基于对他人看法的操心焦虑。如果没有了这种焦虑，穷奢极欲也就不复存在了。任何形式的骄横，不管其种类或范围怎样改变，本质上不是别的，只不过是忧虑他人会怎么说而已，然而这种忧虑所付出的代价是多么大呀！这种忧虑在人生的每个阶段都存在，我们在儿童的身上也能看到这一点，而它在老年人身上所产生的影响更大。因为当年岁老大，无法再享受声色犬马之乐时，浮华虚荣与骄傲横蛮便会恣意妄为，要求扩大它们的地盘。

法国人就是这方面的最好例子，从古至今，这种虚荣心时常在法国历史上出现，有时甚至表现出一股极其荒谬的劲头，整个民族的虚荣达到了滑稽可笑的地步，而其自吹自擂更是尤为无耻。可是，他们的目的并未达到，因为其他人取笑他们，称他们是“显贵的民族”。

为了说明这种不正常的过度重视他人意见的情形，我们可以看看1846年3月31日的《泰晤士报》，其中的一则消息对处死学徒托马斯·韦克斯的细节进行了翔实的报道，这个学徒出于报复的心理，谋杀了他的师傅。我们处于非同寻常的环境，具有特殊的个性，尽管这些和我们的意志非常适合。

这些就给我们展示出一幅此类愚蠢行径所导致的显明画面，这种愚昧如此根深蒂固地根植于人类的本性之中，并使我们在它即将展开的范围里形成清晰的概念。在行刑的那天上午，这则报道说："忏悔牧师很早就来到韦克斯面前为他祝福，但韦克斯对这一宗教仪式并不感兴趣，他的举止有些慌乱，内心焦灼不安，只是因为要在围观他的众人面前显得勇敢些而故作镇静……韦克斯极其放松地来到了他在队列中的位置，当进入刑场时，他就像走进教堂一样，用足够靠近他的人听得清清楚楚的、很大的声音讲了这么一句话：'现在，就如多德博士所说，我马上就能知道这个极大的秘密了。'

"在上绞刑架时，这个可怜的家伙没用任何帮助就蹬上了绞刑架下的活动踏板，当他走到中心位置时，他向观众们鞠了两次躬，这引起了台下围观的人群热烈地欢呼。”

这真是一个极好的例子，形式最为恐怖的死亡，在他看来只不过是超脱死亡而获得永恒的方式罢了。所以，面对死亡，他所关心的仍只是自己给那些目瞪口呆的围观者的印象，以及他死后观众头脑中对他的看法，而并不是任何别的。还有一个叫勒康普特的人也是这样，时间也是在1846年，勒康普特因对国王图谋不轨而被判死刑，在法兰克福处决。在审判的过程中，勒康普特为不让他穿着体面到上议院而感到非常生气。

在被处决的那一天，他为不允许他剃头修面而感到伤心。我们所知道的这类事情并非只是现代才有，在著名的骑士故事《古斯曼·德·阿尔法拉切传》的序言中，马特奥·阿莱曼告诉我们，有许多头脑发昏的罪犯在生命的最后时刻，却忙着准备和背诵他们预备在绞刑架下要说的话，忽略了享受灵魂的安乐这一责任，虽然他们应当这样做。

我举出这些极端的例子，是为了对我所说的意思进行最佳的说明，从而放大我们自身的本性；我们所有的忧虑、困扰、担心、烦躁、苦恼，乃至愁肠百结、尽心竭力，在大多数时候，都是过多考虑别人会怎么说而引起的。在这一点上，我们的愚蠢同那些可怜的罪犯没什么区别。妒忌和仇恨常常也是源于同样的原因。

很显然，**幸福主要是心灵的平静和满足**，所以要得到幸福，只能靠将这种担心别人会怎么说的本能冲动限制在理性的范围——这或许需要抑制现有的大多数情感，而不能依靠别的。

只有这样做了，我们才会将不断令我们痛苦的肉中刺、眼中钉除去。但是这极为困难，因为这种冲动乃是人天生的堕落本性。

塔西佗说："智者最难以摆脱的就是对名声的欲望。"参见塔西佗的《历史》，第四卷第六章。制止这一愚蠢行为的唯一方法，就是清醒地意识到这是愚蠢的。通过认识下面的道理，我们就能达到这一目的：大部分人的意见是漏洞百出、不合常理、自相矛盾、张冠李戴的，所以它们丝毫不值得我们的重视；并且，在很多种情况下，相对于各种生活事务，他人的看法对我们产生的真正积极的影响是非常少的。

再次，这种看法对人们是如此不利，以至于一听到任何有关他们的事情或言论，他们就会非常焦虑。最后，我们应该清楚地知道，与其他许多事情相比，他人的尊重并没有直接的价值，它只有相对的价值。如果人们能够摆脱这种愚蠢的行径，就可以获得现在所不能想象的心灵的平静和欢乐，如此一来，人们便会更加坚定和自信地生活，行为举止便会更加自由自在而很少拘谨不安了。我们可以看到，幽静的生活对我们内心的宁静非常有益。其主要的原因就在于我们不再在别人的眼色中生活了，不再时刻和他人漫不经心的意见纠缠不清；换句话说，我们能够返璞归真，回到我们自己了。

同时，我们可以避免很多的不幸，这些不幸源于我们追求那些阴影，或确切地说，源于我们沉溺在一些有害的愚蠢行为之中。因此，现在我们应当将更多的注意力放在那些坚实可靠的实在的事物上，不断地享受它们。

不必“谦虚”，只管骄傲

我们正在讨论的人性中的愚昧之处有三点：贪婪、虚荣以及骄傲。虚荣和骄傲的区别在于，骄傲是坚信自己在某一特殊方面具有超常的品质，而虚荣则是渴望他人相信自己具有这种超常的品质，通常还伴随着一种隐秘的希望——希望通过唤起别人的坚信，最终完全恢复自己的确信。

骄傲存在于内，是直接的自我欣赏，虚荣则是从外希求达到这种自我欣赏。所以我们可以看到，虚荣心强的人巧言令色，妄自尊大，而又沉默寡言。**爱慕虚荣的人知道，相比喋喋不休，保持沉默要更容易得到他人的称赞，虽然他自己有更好的东西可说**。所以，任何想假装骄傲的人都不会是狂妄自大的人。但他很快就会同其他人一样，具有这种虚构的性格。

人们只有确信自己具有杰出的品质和特殊的价值，才会产生严格意义上的骄狂——这无疑是一种错误的确信，这种确信或许是因为偶然的或一贯的性格优势；尽管如此，只要骄傲存在，骄傲便仍然是骄傲。因为骄傲是以确信为基础的，它和没有经过我们自己仲裁的所有其他形式的知识非常像。

骄傲的最大敌人——也就是它最大的障碍——就是虚荣，它要打下必要的基础，以达到谋求对自我价值的高度评价的目的，于是便对世人投其所好，谄媚逢迎，而骄傲的基础则是早就已经存在的确信。

骄傲不外乎吹毛求疵、求全责备。但是，我认为，在这些事情上并没有什么值得骄傲的。鉴于多数人恬不知耻、鲁莽轻率，不论具有什么长处，人们都应时刻注意这一点，如果他不想忘记这一点的话；因为，假如有人本性很好，又不自恃己长，与他人友好相处，就好像他同他们完全平等，那么他们对待他也会是真诚坦率的，将他当成他们中的一员。我尤其要提醒那些卓越的人——个人本性上真正名副其实的卓越，卓越就如同勋章和头衔，无法时时刻刻都引起人们的注意；另外他们会看到，亲昵催生狎侮，或如罗马人曾经说的“愚人教智者”。

有一句极妙的阿拉伯格言说，“与奴隶开玩笑，他不久就会狼狈不堪”。我们还要注意贺拉斯说过的话：“获取你应得的名誉。”如果谦虚这一美德包含虚构的成分，那无疑对愚人是极其有利的；因为我们希望人们在谈到自己时依据的都是我们表面上的样子，谦虚实际上正在拉平人们之间的差距，好像这个世界上只有傻瓜似的。

Part 5

地位与荣誉的本质

没有什么东西比确信得到了他人的敬重更能增加一个人的勇气，因为这意味着人们会给予他帮助和保护，而这是对抗生活不幸的牢不可破的堡垒。

别被虚假的地位蒙蔽了双眼

我们首先谈地位，或许只用几句话就能将这个题目打发了，但它却是国家这一机器中最为有用的齿轮，令市井之徒、凡夫俗子一心向往。

地位纯粹是一种世俗的价值。严格地说，它是虚假的，是一种赝品，目的是得到人们的敬意，所以实际上，它整个儿只是个假冒的东西而已。

可以说，勋章是向舆论支取利益的汇票，发放人的信誉决定了它的价值。当然，它代替抚恤金，给国家省下了大量的钱财。并且，如果严谨慎重地颁发勋章，勋章还可能有很多种用途。

通常人们只用眼睛和耳朵来看待事物，而很少判断和记忆。国家有很多种服务并不在常人的理解范围内，有时一些别的服务也能为他们所理解并从事，但他们很快就会玩忽职守。

因此，在我看来，不管是十字勋章还是星章，都在时刻提醒普通民众："这人和你不一样，他已做过某些事情。"一旦勋章的颁发不公平，或者进行的选择不适当，或者滥发，那么勋章也就不再有应有的价值。所以，君王们授勋章时应当慎重，就像商人们签署汇票那样。每个勋章上都刻着表彰功勋的冗词赘句，因为得到这些勋`章的都应是那些有功之臣，这是显而易见的。

荣誉的本质

谈到荣誉，和地位的问题相比，这个问题要大得多，也困难得多。首先，我们给荣誉下个定义。如果我说，"荣誉就是外在的意识，而意识就是内在的荣誉"，无疑会有很多人对我的意见表示赞同。

然而这样的定义仍显得太空疏浮泛了，几乎没有接触到问题的实质。不如说："客观上，荣誉是他人对我们的价值的评判；主观上，荣誉是我们对他人评判的关注。"从后一点来看，它常常会对注重名誉的人产生一些有益的影响，虽然这种影响并非纯道德层面的。

一个人只要不是彻底堕落，便有廉耻之心，不管在什么地方，他都认为荣誉具有特别的价值。其中原因如下，一个人很难仅依靠自己达到目的，这样，他就像荒岛上的鲁滨逊。他很快就会认识到，一旦他的意识得到发展，他的内心便会产生一种愿望，希望人们把他看作人类社会中一名有用的成员，一个能发挥作用的人，并由此获得享受社会生活的恩惠的权利。要成为这样的人，他必须做两件事：第一，在任何地方都要肩负起社会对每个人所要求的责任；第二，要肩负起社会对每个人在社会上所处的独特位置所要求的责任。

但人们很快就会发现，一切事情的关键并不在于他认为自己是一个有用的人，而在于他人是否也这样认为；因此他竭尽所能给世人留下一个良好的印象，他非常在乎这一良好印象的建立。这就是所谓的"荣誉感"，或者从别的方面来说的“耻辱感”，亦即人类的本性。

只要想到被人中伤，他便顿觉羞愧耻辱，甚至即便他清楚地知道自己是无辜的，即便他只是在自己的自由意志的范围内没有尽心尽力，而并未完全忽视自己的责任，他也会汗颜。没有什么东西比确信得到了他人的敬重更能增加一个人的勇气，因为这意味着人们会给予他帮助和保护，而这是对抗生活不幸的牢不可破的堡垒。这和他自己所做的一切努力相比要有效得多。

一个人为了赢得他人信任，与他人建立起了各种关系，由此也就产生了各种不同的荣誉。人与人之间的关系主要是“我”和“你”之间的关系，其次是各种誓约行为，最后是两性关系。

所以主要存在着三种荣誉——市民的荣誉，公务上的荣誉，以及两性之间的荣誉，每一种又有多种形式。

市民荣誉：人人渴望被敬重

市民的荣誉涵盖的范围极广，它以这样一种假定为前提，我们必须无条件地尊重别人的权利，因此绝不可以运用任何不正当或法律不允许的手段谋求我们所想得到的东西。这是人与人之间和睦相处的条件。任何公然违背上述前提的行为，即便受到了法律的制裁（假使这种惩罚是公正的），都会使它受到损害。

荣誉最根本的基础在于人们确信，一个人的道德品性是不会改变的，所以仅仅一次的恶劣行为就意味着，一旦将来同样的情况再现，这个人的行为也会同样恶劣。我们可以用英文中的品性原文为Character一词恰到好处地表达这层意思。英文中的品性也有名声、荣誉的意思。

所以，荣誉一旦失去，便永远也不可能复得；但如果是因为某种误会，情况就会有所不同，诸如被人诽谤、诬蔑或误解。法律则提供了对诽谤、诬蔑乃至侮辱进行制裁的手段。因为带有侮辱性的谩骂，是一种摈弃理性的诽谤，一个希腊成语很好地表达了我所说的这个意思——谩骂便是诽谤。原文为estin he loidoria diabole suntomos.

的确，如果一个人辱骂他人，这就表明他无法找到真正合适的理由来控诉别人，否则，他就会把这些作为前提，然后让听众自己得出结论；但他并没有这样做，他直接得出了结论，却并未理会前提。他试图让人相信，他这样做只是为了简便。

市民的荣誉使中层阶级获得了自己的存在，并由此得名，但它完全适用于所有阶级，即便最上层的阶级也是一样，每个人都不能轻视它。它是一桩正经事，每个人都会小心在意，不会对此掉以轻心。失去诚和信的人便会永远失去它们，不论他是谁，也不论他做怎样的努力，都无济于事；这种可怕的结局突如其来，不可避免。

在某种意义上说，荣誉具有否定性，和它对立的是名声的肯定性。因为荣誉并不意味着人们认为某人具有某种特殊品性，而主要是说明人们希望某人能表现出某种品性，而且这种品性乃确确实实而非作假的。

所以荣誉只是意味着人们并无特殊之处，而名声则不同。名声是必须要去争取的东西，而荣誉则只是不能失去的东西。没有名声只不过鲜为人知而已，这只是一种不实在的事情，而失去了荣誉则是羞耻的，它是实实在在的。我们不能混淆荣誉的这种否定性与被动性，因为现实性乃荣誉的根本特性。只有这一特性是直接以表现这种特性的人为来源，它与他的所作所为直接相关，而与他人的行为或他人给他设置的障碍毫不相干，这完全存在于我们自己的能力之中。**这样我们就能明白，真正的荣誉和谄媚逢迎的、虚伪的荣誉，有多么大的区别。**

只有诽谤这一武器才能无中生有地对荣誉进行攻击，对付诽谤的唯一办法，就是将它的恶语中伤暴露在光天化日之下，并公开地驳倒它。

我们之所以敬重老人，是因为老年人在自己一生的经历中，已经通过自己的行为证明了自己能使荣誉保持清白，不受玷污；而对年轻人来说，虽然人们相信他有些美德，但他自己无法证明它。

单从年龄和经验来说，这两者都没有充分的理由为老年人赢得青年人的敬意。因为低等动物也可以达到一定的寿命，甚至一些动物的寿命还在人类的寿命之上；而经验也只是更为贴近人生道路的知识。

如果这只是年龄的问题，那么伴随着年龄而来的衰弱要求人们给予老人的更多是照顾，而非敬意。值得注意的是，白首皓发，高山景行——那是一种本能的敬重。而皱纹满脸——人到老年的更为确实的标志，却根本不会让人景仰。你绝不会听到有人说，如何企羡鸡皮鹤发，但常有人说白首皓发，德高望重。

荣誉的价值是间接的。就像我在本章开头所解释的，只有当他人对我们的看法、对我们的行为起着决定性作用时，他人的看法才具有价值。

我们在与他人一起生活、从事各种活动时，他人对我们的看法就会影响他们对我们的行为。但是在文明的国度里，保障我们生命财产安全的是社会，我们的任何行为都需要别人的帮助；对于他人来说，只有信任了我们，才会和我们交往。

因此，别人对我们的看法对我们来说是非常重要的，虽然我知道这种看法并没有直接的、当下的价值。西塞罗持有的也是这种观点，他写道："我完全赞同克里希波斯和第欧根尼曾说过的话，即，如果声望、美名果真一无可取，那么声望、美名也就根本不值得我们去追求了。"爱尔维修在其主要著作《论精神》中也对这一真理进行了详尽的论述，他得出结论："我们乐于受人尊敬并非因为尊敬本身，而只是因为尊敬所带来的好处。"因为手段绝不可能比目的更重要，关于这一点我们已经说过很多，有句格言说，"荣誉比生命更可贵"，如前所说，这只是一种言过其实的说法。关于市民的荣誉我就说这些。

公务荣誉：恰到好处地履行义务

公务的荣誉就是人们普遍认为，公职人员具备了履行其应尽职责所必需的品行。一个人在国家事务中所必须履行的职责越重大越紧要，他所担任的公职就越高，权势就越大，人们对于他的与其职位相应的道德、理智的品行所持有的看法就越强烈。

所以，地位越高，他享有的荣誉就越高。这表现在他的头衔、勋章以及他人对他毕恭毕敬的态度上。一般来说，一个人的官位就决定了他所应享受到的某一特殊程度的荣誉，但这种程度会受到大众对于这一官位重要性的认识程度的影响。事实上，相比普通公民，担任一些特殊职务的人享有更高的荣誉。**对于普通公民来说，他们的荣誉就在于持续地清除耻辱。**

公务的荣誉还要求，担任公职的人必须忠于职守，这是出于对他的同僚和下属的考虑。要做到这一点，他就需要恰到好处地履行自己承担的义务，对一切妨碍公务或公务人员的行为加以抵制。例如他绝不能对任何玩忽职守的行为无动于衷，或者对没有为公众带来福利的公务视而不见，他必须通过法律手段给这些危害行为以惩罚，从而证明这种行径在本性上不可原宥。

那些用其他能力为国效力的人，如医生、律师、教师，以及其他在某些学科里有所成就，或向公众宣布有资格从事某种专门的工作并要求投身于这样的工作的人。

一句话，所有这些发誓忠于为公众服务事业的人，他们也享有公务的荣誉。军人的荣誉也属于这一类，这个在其严格意义上说是对这种人的看法，每一个决心去捍卫自己国家的人都具备一些必需的品质，特别是勇气、坚强和力量。

这些品质使得他们这样去做，他们完全准备誓死保卫自己的国家，他们发誓在任何情况下也绝不抛弃他们所忠于的旗帜。在这里，我谈到的公务的荣誉要比其常规的意义更为广泛，市民们普遍认为这种荣誉只属于担任公职的人。

两性荣誉：男人征服世界，女人征服男人

谈到两性的荣誉以及它所依赖的原则，我们有必要给以更多的注意，并做出更为详尽的分析。我需要说明这一思想，各种荣誉都是建立在功利主义基础之上的。关于两性的荣誉，可以分为女性的荣誉和男性的荣誉两个自然的部分，不管从哪一方面都可以产生不言自明的群体精神，其中女性的荣誉要比男性的荣誉重要得多，因为在女性生活中她与异性之间所建立的关系至关重要。

女性的荣誉，在少女时是人们对她的纯洁的一般看法，

在妻子时则是人们对她的忠诚的一般看法。这样的看法的价值有以下几点：女性在生活的任何方面都需要依靠男人，而男性，可以说，只在一个方面依赖女性。

因此就需要有一种能使男女双方彼此依赖的安排——男性要对女性的一切需要以及由于双方结合而生下的子女负责，这一安排是以女性的利益为基础的。

为了实施这一计划，女性联合起来以显示她们的群体精神。她们结成一条联合战线，以对付她们共同的敌人——男性，因为男性依靠自己优越的体力和智力，占有了人世间一切美好的东西。女性围攻男性并征服他们，乃至于占有他们，以分享那些美好的东西。

为了达到这一目的，女性的荣誉迫使她们遵守这一规则：除非有婚姻关系，否则绝不将自己给予任何男人。只有这样，才能使所有男人就范，使他们缴械投降，和某个女人结合；这一措施为的完全是女性的利益。

但是，只有严格地服从上述规则，才能达到这一目的；

所以，不管在何处，全体女性都极为注意维护她们的群体精神。如果一位少女违反了这条规则，那她就是背叛了全体女性，因为如果所有的女性都这样做，那她们的幸福就会尽数崩溃；所以，她得为此忍受耻辱，为妇女们所不齿，并失去她的荣誉，再也不会有任何女性和她交往，人们就像躲避瘟疫一样躲避她。

对于女人来说，谁胆敢将婚姻的纽带扯断，同样的厄运便会降临到谁的头上。因为她一旦这样做，就会失去使男人妥协投降的那些条件；其他男人会被她的这种行为吓坏，从而不敢再做同样的妥协，这就会危害到其他女性的利益。

这种欺骗和粗暴地破坏自己承诺的行为无异于一种应受惩罚的罪行，不仅会使她失去女性的荣誉，也会使她失去市民的荣誉。我们并不看重少女的耻辱，但对于妻子却并非如此，其原因就在于，对于少女来说，结婚就可以使她的荣誉恢复；而对于妻子来说，她一旦破坏了誓约，其荣誉的损失将是无法弥补的。

这种群体精神被看成女性的荣誉的基础，我们看到，这是一种有益且必需的安排。对于女人来说，它在本质上是经过深思熟虑的，是利害相关的。

这样，人们便能认识到女性的荣誉对于女性的利益的极端重要性。但是，这种荣誉除了具有相对的价值外一无所长。它并不是纯粹的目的，因为它存在于其他生存目的范围之外，而且所赋予的价值超过了生命本身。

这样看来，贞女们被迫的出轨行为并不值得称道——这种行为极易造成一场可悲的滑稽戏，并伴随着可怕的感情突变，比如：艾米利亚·加罗蒂的结局使得人们离开剧院时仍浑身不自在；另一方面，女性的荣誉的全部规则也无法禁止人们同情《埃格蒙特》中的克拉拉。女性的荣誉的这个原则走到极端便是舍本求末——人们经常这样做。把女性的荣誉如此夸大暗示着，这种荣誉的价值是绝对的，而实际上，它只是具有相对的价值而已。

如果有人从托马西乌斯时代一直到宗教改革的时代里，在所有时期和国家里，看到法律是怎样对不正当的男女关系给以允许和承认的，而这并未损害女性的荣誉时，也就无须再说什么“巴比伦的米莉塔圣庙”参见希罗多德的《历史》，第一章，第199页了。

在市民生活中有一些因素使得婚外恋成为不可能，特别是在天主教国家。当然，在这样的国度里，是没有离婚这种事情的。

在我看来，不管在什么国家，一人之下万人之上的王子，从道德的观点来看，完全无须考虑各种礼仪，而去缔结门第悬殊的婚姻，一旦合法的继承人不幸死亡，他们的后裔就可以提出继承王位的要求。这种婚姻有导致内战发生的可能，虽然这种可能性很小，但并不是不存在。除此之外，完全无视外部礼节的婚姻，是对女人和牧师们的妥协，对这两种人人们避之唯恐不及。

需要进一步说明的是，在一个国家里，除了那可怜至极的人——即王子——以外，每个男人都可以娶他心仪的女人为妻。王子属于他的国家，他的婚姻只能基于对国家的考虑，即为了国家的繁荣富强。

虽然是这样，他仍然是一个凡人，他渴望服从自己的情感。在这种事情上，扼杀或企图扼杀王子天性的行为，都是不公正的，让人讨厌且太过苛刻死板。当然，这得需要这位夫人不给治国大计施加任何影响。站在她的角度来看，她身处一个非常特殊的位置，那些两性的荣誉的一般规则并不能约束她；因为她只把自己给予了一个钟爱自己而自己也爱的男人，但她不能与他成婚。

女性的荣誉的原则事实上是没有任何依据的，一般地说，这已通过许多被供奉出来的血腥的牺牲品得到说明——孩子被杀死、母亲自杀。一位未婚的少女如果违背了这一准则，她无疑是触犯了所有的女性，这便是一种不忠的行为；但是，这种忠诚仅仅是一种心照不宣，并非郑重其事的誓约。在绝大多数情况下，使她自己的前途受到最直接损害的，是她的愚昧，而并非她的过错。

相应地，男性的荣誉是从我以上所讨论的女性的荣誉中产生的。男人因女人的群体精神在婚姻关系中放弃了自己的权益，而这对于征服他的人来说，极为有利可图；因此，这种群体精神就需要他坚定地维护婚约中的条款，以防在执行协议的过程中，因为松懈大意而失去其效力。男人为此付出了一切，但至少他能达到他进行这桩交易的目的，即他所独有的东西，仍然为他所有。对于妻子来说，丈夫与她离婚，婚姻纽带的断裂使她深恶痛绝，并对此强烈谴责；而这对于丈夫来说，正是男人的荣耀。他如果宽容他的冒犯者，就会被他的同伴羞辱，然而相比失去自己荣誉的女人的耻辱，这种情况下的羞辱远没有那么令人难堪；这个污点并不是污秽不堪的，因为对于男人来说，他生活中还有众多的其他关系以及重要事务，男女关系只属于次要的事情。

现代两位最伟大的戏剧诗人都把男人的荣誉作为其两部戏剧的主题：莎士比亚的《奥赛罗》和《冬天的故事》，卡尔德隆的《医生的荣誉》和《以牙还牙》。应该说，男人的荣誉只要求惩罚妻子，而不是惩罚她的情夫，对后者的处罚是责任以外的工作。这就为我持有的观点——男人的荣誉起源于女性的群体精神——提供了充分的根据。

我所讨论的这类荣誉存在的形式多种多样，其原则贯穿于各个民族和各个时代，虽然女性的荣誉的历史表明，女性的荣誉的原则在不同的时代有过某些区域性的改变。

骑士荣誉：信奉“强权即公理”的荣誉

还有另外一种与我们所讨论过的荣誉全然不同的荣誉，这种荣誉只为极少数的一部分人——上流社会以及模仿上流社会的人——所拥有，这就是骑士的荣誉。它的原则同我们在上面讨论过的荣誉的原则截然不同，在某些方面甚至完全相反；**这种荣誉感要人们守住荣誉的虚名，而其他的荣誉感则产生有荣誉的人**。因此，我将首先解释其原则，以将之作为判断骑士礼貌的准则和反映骑士风度的一面镜子。

第一，这种荣誉并不在于他人对于我们的价值评判，与他人内心所持有的看法无关，也无须理会他们所持意见是否确有根据，关键就在于他们是否提出了、表达了他们的意见。别人或许会因为我们的行为而对我们抱有极为不好的看法，或极尽可能地鄙视我们；但只要他们不敢把自己的看法说出来，我们的荣誉就不会受到损害。

所以，如果我们用自己的行为和品质从其他人那里强取了极高的荣耀，那他们除了表示敬意外别无选择——但是，一旦有人公然贬斥我们，不管这个人是多么卑劣愚蠢，我们的荣誉也会受到损害。如果我们不能努力恢复我们的荣誉，那我们就会永远失去这种荣誉了。骑士的荣誉不在于别人的看法，而在于别人是否说出了他们的看法。其中的道理用这一事实即可证明：如果有必要，可以通过道歉收回侮辱的话语，道过歉后，他们便会沉默不语，好像他们从未侮辱过他人。

至于是否要对恶语中伤背后所持有的看法予以矫正，以及为什么要公然凌辱，那完全是无足轻重的问题：只要宣布当初说过的话语无效，一切就都释然化解。如此说来，这类行为的目的并非求取他人的尊敬，而是在强逼他人的敬意。

第二，这类荣誉并不依赖于一个人做了什么，而是依赖于别人对他做了什么，他所遭遇的坎坷。它以他人的所言所行，而并非以他自己的所言所行为根本，这和其他所有的荣誉都不同。

因此，他的荣誉完全掌握在成天无中生有、说三道四的人们手中。如果有人刻薄指责，他的荣誉随时都会成为入海的泥牛，一去不复返，除非受到攻击的人通过我现在将要说到的不懈努力，即冒着失去生命、健康、自由、财富以及内心安宁的危险，力挽狂澜，恢复自己的荣誉。即使某人的所作所为完全公正、高尚，灵魂至为纯净，理智健全不凡，只要有人以侮辱他为荣，他就随时有可能失去他的荣誉；即便这个中伤者根本没有诋毁他的荣誉，即使他是一个一无所有的流氓，一个愚不可及的暴徒、白痴、赌徒或欠债者，一句话，是一个根本微不足道的人，也是如此。

在大多数情况下，正是这样的人喜欢侮辱他人。对此塞涅卡的评价是中肯的，“一个人越是寡廉鲜耻、荒谬不经，就越是喜欢造谣中伤”。参见冯·威希特尔的《德国史论》中关于刑法的章节。这种人极可能侮辱我所叙述过的那些人，因为人以群分，都喜欢以志趣相投者为友。另外，杰出的才华、卓越的功绩，只会引起那些无能之辈的无名怒火。歌德在《西东胡床集》中说得好：

控诉你的敌人徒劳无益，

因为他们永不会成为你的朋友，

即使你不停地责备他们也是徒劳。

很显然，这些不值得花费笔墨的人应该对骑士荣誉的原则感恩戴德，因为这一原则把他们同那些在各个方面远远地超过了他们的人拉到了同一水平上。如果有人诋毁他人的荣誉，如攻击他人品质如何卑劣，那么人们最初便会把这视为有充分根据的评判，事实也正是如此，就好像这是具有法律效力的法令；而且，如果不马上给这种诋毁和侮辱以痛击，那么这一评判便会永远被人们看成真实有效的。

换句话说，被侮辱者（在所有人看来是个体面人）就会是侮辱者（即便是世界上最为卑鄙的无耻之徒）所侮辱的那样了，因为被侮辱者容忍了侮辱者的侮辱。这样，那些体面人将和他一刀两断，躲避他如同躲避瘟疫一样。不管他在哪里出现，人们都拒绝和他交往，等等。

我想，明智的诉讼能够追溯到这样一个事实，从5世纪一直到15世纪，在所有刑事诉讼中，并不是由原告去证明被告有罪，而是由被告去证明他自己清白无辜。他可以通过宣誓来证明自己无罪。他的担保人们务必要郑重保证，他们认为他不会做伪证。

如果他找不到帮助他的人，或者原告反对他的担保人，那么就必须要交由神来审判了，一般情况下这就意味着要采用决斗的方式。因为被告“带着耻辱”，他必须得洗刷自己的耻辱。

耻辱的概念，以及至今仍然流行的那些体面人的整个制度便是起源于此——只是免去了宣誓而已。这也就解释了，为什么那些体面人一旦被指责说谎，便会怒火中烧，他们认为，这样的责备必须要用血来洗雪。谎言无处不在，所以这种反应就很让人奇怪了。一般来说，因为别人指控自己撒谎而威胁要杀死他的人，自己绝不会去说谎。中世纪的刑事审判还容许更加简单的形式，被告要答复原告的指控，只需要说：“这是谎话。”那么剩下的事就可交由上帝来裁决了。**所以，骑士的荣誉的习惯就是，一旦有人指责他人说谎，其结果必然是诉诸武力**。关于侮辱，就讨论到这里。

还有比侮辱更为恶劣的事情，它是如此可怕，以至于我在提到它时必须请求所有信奉骑士的荣誉的人的原谅。因为我明白，只要他们一想到它——极恶，也就是最为邪恶的东西，比死亡和地狱还要糟糕的东西，便会不寒而栗、毛发直立。那就是人们或许会给别人以“可怕的宣言”，即一记耳光，一顿猛击；而这样的事情如此可怕，它完全摧毁了被打者的荣誉。

其他的侮辱可以通过流血事件来洗雪耻辱，而这只能靠致命的一击才能使我们的荣誉恢复。

第三，这种荣誉与从一个人的天性而来的德行，或者与他的道德品性是否会改变等诸如此类的学究式的问题都不相干。如果你的荣誉被玷污了，或者变得岌岌可危，只要你立刻采取人们通常所采用的补救方法——决斗，你的荣誉便会马上恢复。

如果冒犯者并不是来自上流社会，对骑士荣誉这类习俗他并不承认，或者他曾经冒犯过这种习俗，那么，对待这类人身攻击，可以采用一种更为安全的方法，或者靠拳头一决高下，或者仅仅依靠言语较量。如果你手中有武器，你可以当即或在以后将他击倒在地，这便会挽回你的荣誉。

如果你不愿采用这样极端的方式，担心由此产生令人不快的结果，或者不确定冒犯者是否受到骑士的荣誉法则的约束，那么，还有另一个维护你的荣誉的办法，即“以牙还牙”。

这就是，如果冒犯者表现粗野，那你就更为粗野地回击；如果口头的侮辱无法达到目的，那么可以用拳头狠击，这可以完全恢复你的荣誉。因此，有人打了你一记耳光，你可以用棍子来回应；被人用棍子攻击，则可以用鞭子来回敬；被人鞭打，有人建议可以用唾脸这一绝招。如果这些都属徒劳，你绝不能因为害怕流血而逡巡不前。

第四，受人侮辱就意味着体面扫地，发出侮辱，自己便有了荣誉。举例来说，真理、公正以及理性都支持我的对手，但如果我侮辱他，他就会失去公正，体面扫地，而我却得到了公正和荣誉。

与此同时，他也就失去了荣誉，直到他靠着枪弹与棍棒击打，而并非公正与真理，重新得到这些。所以，就荣誉而言，粗野便取代并胜过了其他一切。强权即为真理。你还能希求得到什么更多的东西呢？人们多么愚蠢，恶劣，卑鄙，如果他在交易中只以粗野作为武器，那么人们就能宽恕他的一切过错，使其都有了道理。在任意场合的交谈或讨论中，如果有人比我们更具有渊博的学识，更为热爱真理，判断力更为敏锐，理解更为深刻，或者，笼统地说，表现出了许多卓越的理智能力，使我们相形见绌，那么我们便会立刻贬低他的优势，抹杀我们自己的肤浅，如此一来我们便更为优秀了。

而达到这一目的就是靠了恶语中伤、侮辱冒犯。因为粗野蛮横更胜于言语交锋，它使理智完全失去了光彩。如果我们的对手不在乎我们的攻击方式，不是采用更加粗鲁的方式做出回应，从而使我们陷入以牙还牙的卑鄙竞争之中，那么我们就取得了胜利，获得了荣誉。真理、学识、判断力、理智、才能，在粗野蛮横面前都退避三舍。

如果有人胆敢敌视那些体面人，或他的才智比他们集体的智慧都更胜一筹，他们便会恼羞成怒，跨上战马；如果发生争执，他们便茫然无措，不知该怎样回答，于是便到处寻找使起来得心应手、方便击打的野蛮武器。这样，他们就成了获胜者。很显然，人们认为这一荣誉原则醇化了社会风气。而这一原则来自另一原则，它是整个骑士的荣誉原则的灵魂与核心。

第五，这一原则就意味着，人们在所有冲突中为恢复荣誉所诉诸的最高法庭，就是力量的法庭，即粗鲁野蛮行为的法庭。所有粗鲁的行为，严格地说，都得寻求残忍野蛮的体力较量的帮助；它宣告了理智力量与道德正义无力做出裁决，必须以武力解决冲突。富兰克林把人定义为“会制造工具的动物”，所以人的体力较量就由人类所持有的武器来决定胜负，武力的判决是不能改变的。

这就是有名的“强权即公理”原则——当然，这就像说“愚蠢即智慧”一样，是反语。**我们可以把骑士的荣誉称为强权的荣誉**。

最后，如果说市民的荣誉，就像我们在前面说过的，在对待你我的关系问题上极其审慎认真，履行诺言，承担义务，那么，在另一方面，我们现在所讨论的这种骑士的荣誉原则，显示的是最高尚的慷慨精神。只有一种诺言——荣誉的诺言，也就是人们说“以荣誉担保”之后给出的承诺——是不能打破的，任何其他承诺都可以不必信守。

事情到了最坏的程度，甚至打破以荣誉许下的诺言的事也极易发生。只要我们采用一般的方法——决斗，对手是那些坚持认为我们是以荣誉的名义许下了诺言的人，就能够保住我们的荣誉。只有一种债务是必须要偿还的，那就是赌债，因此有人把赌债称为荣誉之债。

让步才是明智的做法

不带偏见的读者马上就会发现，在人类本性之中，这种难以想象的、野蛮而荒谬的获取荣誉的原则是毫无根据的，从健康的人生观来看，这也是极为荒诞的。它所发挥作用的范围非常狭小，只在于增加人的反感，它只流行于中世纪以来的欧洲，而且只局限于上流社会，局限于贵族、军人以及模仿他们的人。无论是希腊人还是罗马人都不知晓这种荣誉习俗或原则。在亚洲，古往今来的高度文明的民族对此也闻所未闻。

除了我们在开头所讨论的荣誉，在他们之中再也看不到任何其他的荣誉。因此，他们的行为便是他们最好的证明，而不是靠别人的巧舌如簧予以甄别。他们认为，人的一言一行或许可以影响他自己的荣誉，但绝不会企及他人的荣誉。

对于他们来说，攻击只是攻击而已——马或者驴的攻击甚至更为严重。在某些情况下，攻击可能会激起人的愤怒，并立刻要求报复；但攻击和荣誉并没有关系，谁也不会对攻击或侮辱的话语，或是否要求决斗耿耿于怀。

对于古人来说，他们英勇的气概和视死如归的气节与欧洲诸民族的相比毫不逊色，希腊人与罗马人是真真正正的英雄，如果你愿意如此理解的话；但他们对决斗却全无所闻。如果他们有了决斗的概念，决斗对他们来说也完全和高贵的人生无关；它只不过是利欲熏心的角斗士，标价出售的奴隶，以及被判了刑的犯人，在罗马人的节日里，为取悦人们而交替去和凶猛的野兽搏斗时表现出来的野性而已。随着基督教的传入，角斗士的表演已被禁止了，取而代之的是人与人之间的决斗。**决斗成了由上帝的审判来解决纷争的方法**。

如果说角斗士的搏斗是为了大众对壮观场面的强烈欲望而做出的残忍牺牲，那么可以说，这种决斗则是为大众所存在的偏见而做出的残忍牺牲——牺牲的是高尚和自由，而并非罪犯、奴隶以及囚徒。

古代人完全摆脱了这些偏见的品质，还有很多特点。如，当条顿的首领提出与马略决斗的要求时，马略回复说："如果他厌倦了生活，他可以去上吊。"同时他还派出一名老练的角斗士去进行了两次谈判。

据普鲁泰克对地米斯托克利生平的记载，舰队的统帅伏利比亚德有一次拿起手杖击打地米斯托克利，对此，地米斯托克利并没有拔出剑以牙还牙，他只是说："你打吧！但你得听我说完。"

假如读者是个信奉骑士的荣誉的人，那他看到这儿该是多么愤愤不平！我们并不知道，如果地米斯托克利这样做了，那么他麾下的雅典官员们便会全部背叛他。有一位当代法国作家说："如果有人认为狄摩西尼是一个执着于骑士荣誉的人，那么，人们只能嘲笑他的无知，并为之感到遗憾；而且，西塞罗也不是执着于这种荣誉的人。"

哲学家柏拉图在《法律篇》中的一段文字中相当详尽地论述了aikia，即"攻击"，他清楚地告诉我们，古人在面对这类事情时，是绝不会将其和荣誉感联系起来的。苏格拉底因为经常与人讨论而受到他人冷嘲热讽、刻薄无礼的对待，但他极其宽厚地容忍了这些。

一次，苏格拉底被人踢了一脚，而他对此侮辱采取了忍让的态度，这使他的一位朋友感到诧异。苏格拉底说道："你是不是觉得，如果一头笨驴不巧踢了我，我也应当仇视它呢？"还有一次，有人问他："那家伙不是辱骂和亵渎过你的人格吗？""不，"他回答说，"他说的话针对的并不是我。"参见第欧根尼·拉尔修的《名哲言行录》，第二章，第21、36页。斯托伯乌斯保存了莫索留斯的一大段论述，从中我们可以看到古人是如何对待侮辱的。他们只知道寻求法律的帮助，不求人格受到的损害得到赔偿，明智的人甚至非常蔑视诋毁中伤。

希腊人如果被人打了一记耳光，他会借助法律获得赔偿；这见之于柏拉图的《高尔吉亚篇》，在那里我们还可以读到苏格拉底对此发表的意见。这样的观点我们在卢西乌斯·维拉修斯的格利乌斯所做的说明中也可以看到，他极其野蛮无礼，如果在路上碰到罗马市民，便毫无理由地给他们一记耳光；但为了避免承担后果，他便让一个奴隶带上一小口袋钱，打人后将少许钱币立即支付给那些被他打得目瞪口呆的人，作为法律上的赔偿。

克拉特斯是一位大名鼎鼎的犬儒学派的哲学家，一次，他就挨了音乐家尼可德罗莫斯的一记耳光，他的脸立即肿了起来，而且青一块、紫一块。

克拉特斯就把一张写有“尼可德罗莫斯所画”的标签贴在前额上。这对于这位长笛演奏家来说不啻奇耻大辱，因为他对被全体雅典人视为守护神的人施予了如此暴行。

参见第欧根尼·拉尔修的《名哲言行录》，第六章，第87页。

塞罗普的第欧根尼在给麦勒西普的书函中告诉我们，他被雅典一帮酒鬼臭打了一顿，但他又接着写道："这是一件不值一提的事情参见第欧根尼·拉尔修的《名哲言行录》，第六章，第33页。"塞涅卡在他的《论心灵的安宁》一书中的最后几章里，用了大量笔墨来论述侮辱，用以说明明智的人不会关心这类事情。他在第十四章写到，一位智者如果挨了打，他会做什么呢？当有人打了加图一记耳光，他是怎么做的呢？——他并没有恼羞成怒，或报仇雪耻，或回敬对方一记耳光，他的态度是置之不理。"是的，"你会说，"这些人是智者呀！"——"那么你们是傻瓜吗，嗯？""不错，的确如此。"

古人对骑士的荣誉的整个原则一无所知，这是最为清楚的事；其简单的原因就在于，他们总是抱着自然、不带偏见的态度对待人生，而且使自己免受这些堕落可恶的傻瓜的影响。

对于他们来说，一记耳光只是一记耳光而已，只是身体上受到了轻微的伤害，除此之外再无其他。但对此现在的人们就会大做文章，认为这是一场空前的灾难，足以构成一出悲剧的主题。例如，高乃依的《熙德》，还有最近一部反映德国中产阶级生活的喜剧作品，名叫《环境的力量》，简直就可以叫作《偏见的力量》。

如果有人打了巴黎国民议会的某位成员一记耳光，那么这件事便会立刻传遍整个欧洲。我所列举的那些有关在古典时代人们对待这类事件的态度的例子，也许不合体面人士的口味，那么，为了对症下药，我可以向他们推荐狄德罗在其杰作《定命论者雅克和他的主人》中讲述的有关德斯格朗先生的故事。那是描述现代骑士荣誉的一部出类拔萃的代表作，人们无疑会从这个故事中获得乐趣，并得到有益的启迪。

通过上面的讨论可以清楚地得出，骑士荣誉的原则完全不是以人的本性为基础的。它只不过是人为的产物，其根源并不难找到：一旦人们更多地使用拳头而非大脑，一旦人们的理智被教士的权术紧紧束缚，那么产生它的时代就到来了。

在中世纪，骑士制度的盛行使它备受赞扬。在这个时代，人们让全能的上帝管理他们，还要上帝为他们做出裁决；一旦遇到疑难案件，便由仲裁法庭——上帝的审判——来判决，这就意味着决斗；不论是贵族还是普通市民，都是这样。

莎士比亚的《亨利六世》中就有对此的巧妙说明。参见《亨利六世》的第二幕，第二场。一切判决都得求助于武力——终审法庭（它好像是法庭），也就是上帝的裁决，这就意味着一场体力的较量。这就是说，理性在法庭上的位置被我们的动物本性夺取了。**它不是以人们的行为为准绳，而是依据他们相对抗的武力，来确定事情的是非曲直。**事实上，骑士荣誉的原则至今仍盛行不衰。

如果有人对现代决斗的起源还心存怀疑，那么我们可以请他读一读J.B.米林根的杰作《决斗史话》（1849年出版）；而且我们甚至可以看一看这种制度的支持者们——这些人通常都并未受过良好的教育，思想不够深刻，他们将决斗的结果，看作上帝对冲突事件的神圣判决，这显然是人们在这个问题上抱有传统感情的结果。

但我们先把来源问题放在一边，必须弄清这种原则的主要目的就在于用身体力量的恐吓来强取表面的敬意。而事实上，人们认为真正努力去争取人们的尊重太困难，而且多余；这就像手握温度计使水银柱升高，认为这样就能证明房间的温暖一样。

事实上，问题的关键在于：市民的荣誉的目的是和睦友好地交往，他人意志能左右其荣誉，他们觉得我们完全值得信任，那是因为我们无条件地尊重他们的权利；而骑士的荣誉则规定别人必须恐惧、害怕我们，因为我们会不惜一切代价来维护自己的荣誉。**信赖并不完全以人的诚实为基础，令人生畏和让人信赖相比，前者更为根本**。这一原则或许并没有什么不对，因为如果我们在一个自然状态的环境中生活，在这里每个人都必须保护自己，并直接捍卫自己的权利。

但在文明的社会里，国家承担了保护我们人身财产安全的任务，因此，这一原则就不再适用。它是从强权即公理的时代遗留下来的弃置无用的废物，就像坐落在精耕细作的农田中、川流不息的马路上，甚至铁路旁的年深日久的城堡和水塔里。

因而，仍旧承认这一原则的骑士的荣誉，只能应用于人身攻击这一类琐屑的事情上，在法律上，这些事情只会受到轻微的惩罚，有时甚至根本无罪，因为只是一些无关紧要的过错，有时甚至只是开了个玩笑罢了。

这一原则的适用范围受到的局限，迫使它夸大了对人的价值的尊重（对人的本性或命运来说，这种尊重完全是外在的），它使人的价值被提高到神圣不可侵犯的地步。因为在它看来，国家生硬地给予那些造成轻微伤害的行为的惩罚太轻了，所以被伤害者要自己对冒犯者施予终生或大半生的打击，以惩罚他们。

很明显，这一切完全是因为人的极度狂妄的心理，人们完全忘记了人的本质。这种心理要求他绝不受任何攻击或非难。那些决意依靠武力去实现这一原则的人，宣告说，“凡是侮辱过我或攻击过我的人一定要死亡”，并以此作为他们的行为准则。这样的人无论做怎样的努力，都应当被驱逐出国土。

为了缓解这种粗鄙暴躁的狂妄心理，人们习惯于让自己在所有事情上都多加谦让。如果有两个勇猛强悍的人碰到一起，谁也不让步，那么，即使不值一提的不和也会酿成一场骂战，然后由骂战变为斗殴，直至性命相搏；而去掉中间的过程，马上动用武力，更能保住颜面。要诉诸武力，就得有一套别致具体的正式手续；这些已经发展成一套严格精确的规章制度，这些合在一起，就构成了一部最为严肃的闹剧，这是对愚昧的尊崇和膜拜。

如果两个勇猛强悍的人在一件小事上发生争执（重要的事情由法庭来处理），其中一位，即比较明智的那一位，会做出让步，这样他们就可以各自保留不同的意见了。这还可以通过下面的事实来证明：普通人——或者毋宁说社会上的绝大多数人——并不认同骑士的荣誉的原则，他们让争执顺其自然地发展。比起那些总数或许还不过千的上流社会人士，杀人犯出现在这些人中的概率要少千百倍，他们对这一原则充满了敬意，甚至连斗殴的事情也很少发生。据说，良好的社会习俗和风气完全建立在这一荣誉原则的基础之上，以决斗的方式来证明它是一座堡垒，可以抵御野蛮残忍的攻击。

但是，希腊人、科林斯人以及罗马人都非常自信地夸耀，他们并没有任何骑士的荣誉的支持，社会也依然美好，甚至是天下大治，民风、民俗都非常有秩序。

“荣誉”对我们的负面影响

在古代社会，妇女还没有像今天这样拥有突出的地位，这倒是事实。而且，现在人们的交谈琐屑而无聊，古人最具特色的有深刻见解的交谈已被完全摈弃。这种倾向的产生使得在今天的美好社会里，人们宁可舍弃其他一切品性而独钟情于勇气。

实际上，个人的勇敢是一种最不重要的德性，它只是一种极次要的德性的明显标志罢了。的确，在这方面就连许多低等动物都胜过我们，你绝不会听到有人说，“像狮子一样勇敢”，它离社会的标准还很远。**骑士的荣誉是虚伪和邪恶，并且庇护了卑劣的野蛮行径，尊敬和粗野无礼才是它所需要的。**人们的闭口不言常常将这种粗鄙野蛮的行为掩盖，因为没有人愿意冒着失去生命的危险去指责、更正这种行为的过错。

我说过上述这些以后，人们就不会奇怪了：在政治、金融方面并没有什么信誉的民族，其嗜杀成性的热情因决斗而达到了登峰造极的程度。至于这样的民族在个人生活和家庭生活方面的情形是怎样的，这个问题就交给那些有过切身经验的人去解决吧。他们因其温文尔雅以及社交的修养长期不再存在，而引起人们的注意。

这样的借口是没有任何真理可言的。这就要求更为公允的意见，可以说，你冲着一条狗咆哮，它也会以狂吠回应；如果你宠爱它，它便会向你摇尾乞怜。人的本性就是以敌意回应敌意，任何蔑视或憎恨的表示都会招致他人的愤怒怨恨，正如西塞罗所说："有些东西被忌妒的利箭射穿，甚至谦逊善良的人都能在痛苦的地方发现它的创伤。"

除了信奉少数几个宗教教派的人，世界上任何地方的人们都不会对侮辱与攻击安之若素，对此，人们最自然的要求只是给予冒犯者相应的报复，绝不会因别人攻击我们说谎、愚蠢、懦弱就走到极端，要置人于死地。德国以前"以血报复攻击"的理论，是骑士制度时代的令人反感的迷信。不管怎样，遭受侮辱后进行报复是因为愤怒，而并非出于对这种荣誉的责任和义务，但提倡骑士制度的人则试图将其归于这种责任。

事实上，**指责越正确，诽谤便越严重**；这一点很清楚，某一指责如果切中了他人的要害，那么一个轻微的暗示便会得罪他人。若是无中生有，不着边际，即便最恶毒的谩骂，也无法让人动怒；所以，一个人如果确信自己没有什么值得人们去说三道四的，那他就会并且也应该自信地对此不屑一顾。而有关骑士的荣誉的理论则要求人们表现出一种他所不具有的敏感，并针对这个他无法觉察的侮辱采取血腥的报复。如果一个人急忙压制冒犯自己的话语，生怕其被他人听到，那他对自己的价值评价一定不高。

如果一个人对自己的价值具有真正正确的估计，那么，他在面对侮辱的时候便会无动于衷。假如他无法不讨厌侮辱，那么明智和修养便会使他不动声色，掩饰自己的怒气。如果他可以将这种有关荣誉的迷信消除——我指的是这样一种观念：被人中伤，他就会失去自己的荣誉，他一旦给予报复，其荣誉便会恢复；如果我们可以让人们放弃这样的想法：恶劣、粗野蛮横、傲慢无礼的行为，会因为准备好的赔偿——用决斗来捍卫这一切，而有了合法的权益，那么，我们马上就能得出一条一般性的意见：侮辱与轻蔑就如同这样一场战争，受到伤害的人赢得了战争；这就像文森卓·蒙蒂所说：“辱骂就像教堂里的队列，从哪里出发，还会回到哪里。”

如果我们可以让人们面对侮辱时用这样的观点去看待，那么，我们就绝不会为了证明我们的正确而做一些粗野的事情。不幸的是，我们如想要用严肃的态度对待一切问题，就必须首先要考虑，这样是不是会在某些方面得罪那些笨蛋。即使最微不足道的小聪明也会使他们这种人大惊小怪，心怀不满；这是极易发生的事情：那些除了狭隘与愚蠢外便一无所有的傻瓜会反对那些具有聪明才智的人。

假使这一切都如我们所想的那样，那么，理智上的优势便能够在社会中占据它所应占据的主导地位——实际上，这一位置现在正被体格上的优势把持着，它仅仅是一种战斗精神而已，虽然人们并不愿承认这一点。如此一来，最出类拔萃的人就更没有理由脱离社会了。这为引入一个具有良好氛围、真诚坦率的美好社会铺平了道路，这样的社会，在希腊、科林斯以及罗马无疑曾一度存在。如果有谁想看看我所说的社会的样子，那么我就将色诺芬的《华宴篇》推荐给他读读。

毫无疑问，维护骑士的荣誉的最根本的观点就是，假如骑士的荣誉不存在，世界将会成为一个嘈杂无比的场所。这种想法多么可怕！对此我可以给出简单的回答，在不奉行这种原则的一千人中，有九百九十九人经常打人或被人打，但不会造成任何命案；相反，**在那些奉行这种原则的人中，一记耳光也常常意味着会酿成致命的结果**。接下来我会更直接地对这一观点进行解释。

我经常试图找出一种站得住脚的主张，或者即便是一个模棱两可的根据也好——而不只是一些陈腔滥调。也就是说，找到一些确实可信的理由，对这一论点加以证明：一部分人怀着根深蒂固的自信，认为打人是非常可怕的事情。

但我认为，不管是从人的动物本性还是理性的角度看，要证明这一点都将是徒劳的。一巴掌永远只是一个人尽其所能给予他人肉体上的不值一提的损伤的一巴掌而已；因此，这除了能说明他在体力或技巧上比其他人更胜一筹，或他乘人不备外，什么也不能证明。对这一行为，无论我们怎样分析也不会有什么进展。一个把来自人的手掌的攻击视为最邪恶的事情的骑士，如果他挨了比这一巴掌凶狠十倍的攻击，他也能强忍疼痛，一瘸一拐地走开时，却根本不把这当回事。所以，我想祸根在于人手。

然而，骑士在一场战斗中可能被同样出自人手的刀剑砍杀、刺伤，他却会坚信他所受的创伤不值一提。我听说，剑面的拍打无论如何也没有棍子的打击恶劣；因此，不久以前，军校的学员受惩罚时宁愿接受前者，而不愿接受后者。

时至今日，被剑面轻拍以获授骑士爵位听说已成了一项至高的荣誉。我所能发现的心理的或道德的根据就是这些。所以，对于我来说，接下来要做的只是宣告，骑士的荣誉是有着深刻根源的、过时的迷信，是说明传统力量的又一个例子。

正相反，不带偏见地看一看人的本性，就可以知道，人的打斗是最自然不过的事情，就如同野兽间的撕咬或有角动物的抵触进攻。也可以说人是打斗的动物。

对于我们的感官来说，一旦听说有人用嘴咬人，那就会让我们心中顿生厌恶；相比之下，挨打或打人却是极自然的一件事情。这是完全可以理解的，假如我们是有教养的人，那么我们就可以发挥各自的自我克制来使自己免于打斗。

但是，强迫一个民族或某一特殊阶层的人把打斗看成一场可怕的灾难，必然导致死亡和凶杀的结局，那就非常残酷了。在这个世界上十足的罪恶已经太多，以至于再也无法容忍我们通过想象中的灾难来夸大这种罪行，这种臆想会给人们的人生旅途带来真正的灾难。然而这也正是迷信的结果，是它自身愚昧和有危害的证明。

遭受侮辱时怎么办?

在我看来，明智的政府和立法机关，不会在民间或军队以废除鞭打这样的惩罚来助长这种愚蠢行为。他们认为这样做是在为众生谋福利，但事实上他们这种所作所为正好与此相反。因为废除鞭打只会加强这种残酷的、可恶的迷信，人们为此已经付出了许多牺牲。除了最恶劣的冒犯外的一般冒犯，人们首先想到的就是打斗，所以，这也是一种自然的惩罚。

不服从理性支配的人才会屈从于打斗。在我看来，如果一个人一无所有，没有财产缴纳罚金或没有他人的服侍，他的主人的利益便会遭受损失，那么，对他施以体罚是完全合适而且公正的。

对此表示反对是没有充分根据的，你只能用“人的尊严”来应付——但这只是出于我已指出过的、有害的迷信，而并非出于问题的清晰概念。迷信是整个事情的根源，这已被下面这件近乎可笑的事例所证实：最近，在许多国家的军纪中，鞭打取代了棍击。不管是哪种情况，都会给被罚的人带来痛苦，然而，他们都认为后一种方式没有羞辱的成分，对荣誉没有损害。

国家为这种迷信推波助澜，与骑士的荣誉的原则勾结，并因此助长了决斗的行为。但同时，人们又摆出一副姿态，试图用法令来禁止决斗。

结果，我们会发现，从中世纪那个最野蛮的岁月流传下来的“强权即公理”的理论残余，仍然在19世纪影响着我们。这是我们的极大耻辱！现在实在是到了该彻底消除这一原则的时候了。现如今，人们连斗狗、斗鸡都不被允许——不管怎样，这在英格兰是要受到刑事处罚的。但是，人们却违背自己意志进行生死搏斗，这都是因为这一荒谬的迷信和可笑的原则。

正如那些心怀狭隘的支持和拥护这一原则的人们所宣布的，这个原则强加给我们的义务，便是为了一切鸡毛蒜皮的小事而像角斗士一样争斗。我们可以向那些有语言纯正癖的人们学习，用bait（诱惑）这个词代替duel（决斗），duel这个词并不是源自拉丁语的duellum，而是源自西班牙语的duelo，意思是遭受痛苦、损害和烦扰。

不管怎样，我们都会放肆嘲笑这种愚蠢行为的过度迂腐。令人厌恶的是，骑士的荣誉由于其荒谬的原则在国家的范围内形成一种极易被运用的权力，这种权力只认强权不认公理，它专横跋扈，暴戾地统治着屈从于它的势力的上层社会。它可以用最经不起反驳的借口提审他人，并且在当时当地对双方之间的生死之争进行审判，在此之前，它就已经在不断地挑起事端了。这是恶棍无赖们的栖身之所——只要他们信奉骑士的荣誉。他们可以威胁，甚至杀死那些最高尚、最优秀的人。

那些人因为自身的高贵和优秀使得他们心怀恶意。今天，我们的法律和警察绝不会让这些恶棍在光天化日之下袭击我们，对我们的生命财产产生侵害！上流社会的人们应该解除压抑着自己沉重的负担，不要时刻听任那些满脑子都是粗野、狂暴、愚昧、恶毒想法的无赖威胁，付出生命的代价；两个少不更事、易于激动的孩子，仅仅因为几句口角，就会受伤、致残，乃至于失去生命，这简直是穷凶极恶。

在国家范围内的这种暴戾势力，以及骑士的荣誉这一迷信的力量，可以通过下面的事实看到：由于冒犯者地位的优越或卑下，抑或任何其他造成人们地位差别的东西，那些被冒犯者无法恢复其骑士的荣誉，他们经常因为极度绝望而自杀，从而落得一种既悲哀又滑稽的结局。

如果人们发现事情的结局和事物的逻辑结果是矛盾的，那么人们便明白，它是错误而荒谬的；在这一点上，我们的所作所为也无比荒谬。因为一方面官员被禁止参与决斗，另一方面，如果有人向他挑战，而被他拒绝，那么他便会受到解职的惩罚。

在这个问题上，我将更为坦率地分析其实质。我们手拿与对手相同的武器，在正大光明的搏斗中杀死对手，与偷袭杀死对手，两者之间的最大差别（人们经常强调这一差别）完全是从这一事实推理出来的必然结论，即我以上所说的，在国家范围内的权力只承认强权而不承认其他一切，即强权即公理，并将其视为上帝的审判，以此作为整个骑士的荣誉原则的基础。

因为要在一场公平的搏斗中杀死敌人（这只能证明人们在力量上占优势，或更具技巧），就是占理的，这也就假设了这样的前提：**强权者的理就是公理**。

但事实是，如果我的对手并不知如何保护自己，那就给我提供了杀死他的可能，这并不代表杀死他符合公理。

公理，即道德的正当理由，只能取决于我要杀死他的动机。如果我有充分的正当理由杀死他，那么让杀死他的这件事完全取决于我是否比对方射击得更准或击剑击得更好，是完全没有理由的。

不管怎样，它和我杀人的方式——从前面还是从后面攻击对手毫无关系。如果要奸诈地谋杀一个人，人们便会使用诡计。从道德的角度看，强权即公理并不比诡计即公理更有说服力。就我们现在所说的情况而言，强权即公理和诡计即公理并没有什么不同，需要注意的是，强权和诡计这两者在决斗中都起了作用；因为伪装只是奸诈的另一名称而已。如果我认为自己杀死一个人在道德上是正义的，那么，杀死他这样的事情由他是否比我更精于射击和剑术来做决定，则是愚蠢的。如果他更精于此道，那么他不仅将会反过来伤害我，甚至还将夺去我的生命。

卢梭认为，洗刷耻辱的恰当方法是去暗杀冒犯者，而并不是和他决斗。但是，他只是在《爱弥儿》的某一卷中，以一个难以理解的注释小心翼翼地暗示了这一看法。

这说明这位哲学家深受中世纪的这种骑士的荣誉的影响，即他认为如果有人指责你说谎，那么你谋杀他就是正当的；同时他一定知道，每个人都无数次地说过谎，都有理由受到这一责备，特别是卢梭自己就更是如此。

认为只要在公开的竞争中，在使用相同的武器时杀死对手，就是正当合法的，这是一种偏见，很显然，它把强权当成了公理，并把决斗当作上帝的裁决。一个怒不可遏的意大利人，在哪儿碰到对手便会在哪儿发起攻击，并会毫不客气地杀死对方。

总之，他的行为坚定而自然，或许他更聪明，但他并不会比决斗的人更恶劣。如果有人说，他在决斗中杀死对手是正当的，因为对手在那时也试图置他于死地，那么我可以这样驳斥他："正是由于你这种决斗的要求，才使得他不得不保护自己，这种故意将对方置于如此境地的做法，事实上就是决斗的人在为谋杀他人寻找一个似是而非的借口而已。如果双方都同意把自己的生命托付给决斗，那我宁愿凭借'勿故意为恶'这一法律原则来判断行为的正当与否。"

无论如何，表明受伤害一方在意志上是不情愿的，就已经对这一论据进行了批驳；因为正是这种残酷暴虐的骑士的荣誉原则的荒谬不堪的信条，把两个决斗者，或至少一个，强迫性地拖入了一场血腥的争斗之中。

关于骑士的荣誉，我讲了很多，但我有充足的理由这样做，因为在这个世界上，人们道德沦丧，理智丧失，这个奥革阿斯的马厩奥革阿斯是古希腊神话中的厄利斯国王，太阳神赫利俄斯之子。他养了数千头牲口，而厩房30年都没有打扫过，因此，奥革阿斯的马厩代指的是非常肮脏的场所只有用哲学的扫帚才能打扫干净。

有两件事物比任何其他东西更能将现代生活的社会与古代生活的社会区别开来，它们给我们这个时代带来了黑暗、阴郁与不幸；而古代生活的社会则有如生命的早晨，新鲜而自然，完全是自由的。这两样事物就是骑士的荣誉和性病："一对高贵的搭档！"这两者携起手来，危及所有的生活关系，不管是公共关系还是私人关系。

尤其是以性病的影响更为深远，它不仅仅只是一种生理上的疾病，而且是一种道德上的弊病。从在丘比特的箭袋中发现毒箭的时代起，两性关系之中就渗入了一种搬弄是非、互相仇恨、丧心病狂的成分，这就如同在他们相互交往的经纬线中编进了一缕让人害怕和怀疑的不吉祥的线。它间接地动摇了人类友爱的基础，或多或少会影响整个人生的进程。然而这与我们接下来将要进一步研究的问题无关。

骑士的荣誉原则产生的影响与性病的影响类似，不过这种影响发生在其他范围——即古代社会一无所知的严肃的滑稽戏；它使得社会变得僵硬呆板、阴郁悲观、严肃羞怯，迫使人们每说一句话都要提心吊胆。

但这还不是事情的全部。这一原则是万能的弥诺陶洛斯牛弥诺陶洛斯牛是古希腊神话中人身牛首的怪物，每年要吞噬七对人们供奉的童男童女，后为忒修斯所杀，每年供奉给它的祭品都是一些出自名门的孩子，这些孩子并不只来自某一个国家，而是遍及整个欧洲。现在已经到了该彻底消灭这种愚蠢制度的时候了；就像我现在所努力做的那样。但愿现代世界的这两个怪物在19世纪末会寿终正寝！

我们希望医生能找到某种药物防治性病，希望通过哲学来纯净我们的观念，消灭骑士的荣誉；**因为只有纯净我们的观念，才能根除邪恶**。各国政府都曾试图通过立法来这样做，但失败了。

虽然政府真想消除决斗制度，但他们的努力只取得了微不足道的成绩，这是因为政府没有能力对付这种邪恶，那么我倒不在乎建议一条法律，我确保它会成功。这不会有任何酷刑，它不需要断头台、绞刑架或终身监禁便能推行。它只是一颗小小的、顺势医治的小药丸，没有任何副作用。即如果有人向别人挑战或接受别人的挑战，就让下士把他带到禁闭室，在光天化日之下打他十二棍；为决斗者传递挑战书的人或公证人则各打六棍，如果决斗已经发生，那么就应当按照惯例进行刑事诉讼。

一个有了骑士概念的人或许会反对说，一个体面人如果受到这样的惩罚，他可能会开枪自杀。对此，我认为，让这样一个愚蠢的家伙自杀总比让别人杀他好得多。然而，我清楚地知道，政府并不会在制止决斗的事情上真正卖力，那么多的行政官员和军官（除了地位最高的那些人外）提供服务，却只得到少得不能再少的报酬，这种不足便需要由荣誉来补偿，而荣誉又由头衔和勋章来体现，一般说来，以等级制度为代表。

所以对于那些有地位的人来说，决斗毫无疑问是极为经久耐用的身外之物；所以，他们在大学里就接受了用来了解这一点的训练，一旦发生偶然事件，人们便用它来制造流血事端，这刚好补偿了这种不足。

讨论完这个问题，在这里我顺带提一下国家的荣誉的问题。国家的荣誉是所有作为一个整体的民族的荣誉，在这一问题上只有武力的法庭，并不存在什么可以申辩的法庭，所有的国家都必须自觉维护自己的利益；所以，国家的荣誉就在于需要别人认定这个国家是值得依赖的，并且还要让人们知道这个国家是令人敬畏的。

因此，国家的荣誉绝对不允许对它的权威进行攻击。**事实上，国家的荣誉结合了市民的荣誉和骑士的荣誉。**

Part 6

名声的力量

拥有高尚的心灵和杰出的才智，而不只是名声；拥有那真正有价值的东西，我们才会幸福。人们尊敬的并不是名声，而是使人获得名声的东西。

名声源自非凡的成就

我们把名声放在评价人生这一主题内。下面，我们就来讨论这个问题。

名声和荣誉是一对孪生兄弟；就像卡斯托耳和波鲁克斯古希腊神话中两个情谊深厚的孪生子这一对双生子，一位终将死去，而另一位则是不朽的。名声是不朽的，而荣誉则是短暂的。当然，我在这里所说的名声是最名副其实的那种，即基于这个词的严格意义所说的名声。

的确，名声有许多种，有的名声朝生暮死，极其短暂。荣誉与人们在同样的环境里所必须拥有的品质有关，每个人都有权认为这些品质为自己所有；而名声涉及的品质则是我们无法要求人们一定具备的。荣誉跟随着别人对我们的了解，但名声却相反，它走在别人对我们的了解前，并且它把荣誉也带到了名声抵达的地方。每个人都可以要求荣誉，但几乎没有什么人可以要求名声，因为名声的获得只能依靠非凡的成就。

这些成就分为两类——**行为和作品**。所以，这是获得名声的两条途径。行为这条途径主要需要的是高尚的心灵，作品这条途径需要的则是卓越的才智。两条途径各有优点和不足，其主要差别就在于，行为会消逝，而作品则是不朽的。

即使是最高尚的行为，其影响也只能维持在短暂的时间里，而天才的作品对人的影响，在其一生中都是有益而且高尚的。行为能保持下来的一切只是记忆，而这一记忆也会随着时间的流逝而日益减弱、模糊，直到最后被完全忘却；除非历史能重提旧事，使得往事如在眼前，直至成为永恒的记忆，传给子孙后代。作品自身是不朽的，一旦写出就会获得永恒的生命力。

关于亚历山大大帝，现在仅存的是一个名字和史料，但柏拉图、亚里士多德、荷马、贺拉斯则是活生生的存在，在今天他们仍然在对人类产生着影响，就像在他们活着的那个时代一样。《吠陀经》及其《奥义书》在今天也依然和我们在一起，但当时的行为，在今天连一点痕迹也找不到了。

行为还有另外一点不足，它为此付出了艰苦的代价，这就是，行为依赖于可能遇到的机遇。**因此，行为获取的名声并非来自这行为的内在价值，而是根源于一些碰巧使得行为价值不菲并使其披上光彩外衣的条件**。而且，如果行为所赢得的名声属于个人，例如在战争中获取的名声，那么，它就要取决于少数几个目击证人的证明，而这些目击证人并不总是存在的，即使存在，他们也不总是公正的、不带偏见的。

但这一不足可被这一事实抵消：行为具有实践性的优势，因此它能被一般的人所理解。一旦事实得到了正确的报道，那么人们马上就会给予这些行为公正的待遇；事实上，如果我们不能适当地认识和了解行为背后的动机，我们就不可能了解任何行为，离开了造成这一行为的动机，行为就无法被真正地理解。

伟大的作品是不朽的

作品正好与此相反，作品的产生并不依赖机遇，只是完全取决于创作它们的人。从作者的本质和目的上说，无论他们是什么人，只要作品还存在，他们就能保持如一。而且，要给予一件作品恰当的评价并不容易，它们的名声越大，评价就越困难。一件作品往往不能为人所理解，常常得不到不带偏见或诚实正直的评论。但它们的名声并不会因为某一次评论而一锤定音，它们可以借助其他的评论来建立自己的名声。就像我已经说过的，行为留给后人的只有一种记忆，而且其留传的方式由这些行为发生时的一代人提供；而作品除非散失了某些部分，否则传给后人的就是它们自身原来的样子。这样，我们就不会歪曲作品的本来面目。

而且，原来对它们所抱有的偏见，也会随着时间的流逝而消失。而且往往只有经过漫长的时间，人们才能够完全公正地评价这些作品。特殊的作品会引起特殊的评论，而对这些作品的评价会持续进行，这所有的一切综合起来就能形成对作品的深刻理解。虽然有些时候，这种理解要经过数百年的时间才能形成，此后不管时间怎样流逝，这种理解也不会被推翻。所以，一部伟大的作品，必定会建立起不朽的名声。

作者们是否能目睹自己的作品获得名声，要取决于机遇。他们的作品越高尚，越重要，则他们看到自己的作品获得名声的机会便越少。塞涅卡有一句十分精妙的格言："名声追求功勋如影随形，有时在前，有时在后。"他还评论说："虽然妒忌让同时代人普遍沉默，但仍会有人不带偏见地来评价作品。"

据此说法，我们可以看到，在塞涅卡那个时代就有那么一些流氓无赖精于压制有价值的东西，恶意地保持沉默，采取视而不见的态度，并且将其藏匿起来，以便使低俗、拙劣的作品流行于市。即便在今天，也有人常常以保持缄默的方式来表示嫉妒，而且这被看作一门高超的技巧。

一般来说，**名声到来得越迟，维持的时间就越久**，这已成为普遍适用的法则。任何杰出的作品都需要时间来慢慢展开，它流芳后世的名声恰如栎树，生长得非常缓慢；那些只能风靡一时的名声，就像寿命只有一年的草木，迅速茁壮，迅速消逝；而虚假的名声则如昙花一现，转瞬即逝。

为什么？其原因就在于，一个人越是属于后人，换句话说，他越是属于整个人类，那么他便越不为他同时代的人所包容；因为他的作品并不只是写给他们看的，而是写给整个人类看的。在他的作品中，不会沾上丝毫局限于自己时代的色彩；因此他所做的一切被同代人视为怪谲，而不能为人所认识。

人们更欣赏在自己短暂的一生中有过多种经历的人，喜欢具有时代气息的人，喜欢那些属于这个时代，并与这个时代同生共死的人。

别指望他人欣赏你，你要学会自我欣赏

文学、艺术的通史告诉我们，人类心灵的最高成就的

取得一般从一开始就是不顺利的，这种情况一直维持到它们引起了天才们的注意，才摆脱了鲜为人知的窘况。伟大的理智使它们获得了权威，凭借天才们的影响，它们赢得了它们所保持的地位。

如果有人探寻其中的奥秘，那么他将会发现，**人们最终都只能真正理解和欣赏与自己的本性相同的事物**。迟钝的人只能理解迟钝的东西，普通人只会欣赏寻常的事物，头脑混乱的人对混乱的思想有兴趣，没有脑子的人喜欢愚蠢的事物。

与读者本人意气相投的作品最能获得这个读者的喜爱，因为在这件作品中完全体现了他自己的性格。古老的、记忆力惊人的埃庇卡摩斯认同这一真理，他说：“如果有人自命不凡，我们绝不会惊奇，我们认为这完全是正常的，对于狗来说，世上最好的东西莫过于一只狗，对于牛来说，最好的东西是牛，对于驴来说，对于猪来说，莫不如此。”

要推动一个很轻的物体，就算用最强劲有力的手臂也是徒劳无益的，我们并不能让它飞得很远，并有力地击中目标。这个物体自身没有物质性的实体以接收外力，因此很快就会落到地上。

伟大而高尚的思想、天才的杰作也会遭遇这样的情形：欣赏它们的只是那些卑微、邪恶、堕落的心灵，这真是一件在任何时代都会令智者悲哀的事情。约瑟的儿子耶稣宣称：“**给一个愚人讲故事，就像跟一个昏睡的人说话一样。当故事讲完，他会问：‘你说的是什么呀？’**”参见《圣经外传》第二十二章，第八节。哈姆雷特说：“下流的话正好让它埋葬在一个傻瓜的耳朵里。”参见《王子复仇记》第四场，第二部分。歌德也说过同样意思的话：“愚蠢者的耳朵嘲笑最聪明人的话语。我们不会因为人们愚昧而泄气，因为将石头扔进沼泽是不会发出回响的。”

利希滕贝格问道：“头和书碰撞时，会发出空洞的声音，那么这空响难道就总出自书吗？”他还说：“这样的书就像一面镜子；一头蠢驴看镜子，是不可能从里面看到圣徒的。”我们应当牢记老盖勒特既精彩又令人感动的悼词：

最好的礼物通常极少人欣赏，

大多数人将邪恶视为善良。

没有任何东西能够阻止每天的邪恶，
它就像瘟疫一样，无可救药。
只有一件事可以做，尽管那无比困难！
愚蠢的人必须获得智慧——而这从未发生过。
他们从不知事物的价值，
只知用眼睛而不知用心灵去看世界。
他们沾沾自喜于一些细枝末节的事情，
因为他们从不知善良是什么。

理智的无能，再加上人类精神的卑劣——在任何地方都发挥作用的东西，它在这里采取了忌妒的形式，这样，正如歌德所说，存在的善不能为理智低下的人所认识和欣赏。一旦一个人获得了名声，那名声使他出人头地，而他的同伴则相对卑微了，所以每一个有非凡功劳的人所得到的名声都是以牺牲那些并不曾得到名声的人为代价的。

歌德在《西东胡床集》中说过类似的话："赞美一个人便是贬低另一个人。"我们看到，不管是杰出的人还是平庸的人，又或者是大部分的普通人采取什么样的形式，他们都会联合起来反对功绩，谋划抵抗它，如果有可能便压倒它。这个联盟的口号就是“打倒功绩”。

那些自己已经取得了某些成就，并以此获得了名声的人，也不愿看到其他人享有新的声誉。因为新声誉所发出的光彩会令他们的名声失色。因此歌德说：“如果我们的生活必须要靠别人的恩赐，那么我们就不会活在这世上了；人们都希望自己是至为重要的人物，他们乐于忽视我们的存在。”

你的能力要配得上你的名声

荣誉总是能得到美好的称赞，它也不会受到妒忌的攻击，如果没有充分的证据说明一个人并没有拥有荣誉，那么，人们便认为他是有荣誉的人。人们虽然妒忌名声，但又必须建立名声，将桂冠授予要求名声的人们的法庭，从一开始就对申请者持有偏见。

我们可以随时和别人分享荣誉，但获得了名声的人却会贬低名声，或者看到有人接近它便加以阻挠。而且，如果阅读某一作品的人数越多，那么这一作品所获得的名声便越大，所以学术专著和那些仅仅为了让读者消遣娱乐的作品比较起来，知名度要小得多。而撰写哲学著作以获取名声就更是难上加难了，因为哲学著作旨在求得一些模糊不清的结论。同时，从物质的观点来看，它是毫无用处的；主要是那些自身即在哲学领域中耕耘的人，才会对哲学著作感兴趣。

所以，从我所说的赢得名声的艰难中可以很清楚地看到，那些并不是出于对他们事业的热爱，也不是因为在写作中能得到愉悦，而是因为野心勃勃要获得名声而勤奋努力的人，极少或绝不会给人类留下不朽的作品。

那些追求善良而纯真的事物的人，一定会避免写出邪恶的作品，并且会时刻抵制群盲们的意见，甚至蔑视它以及他们的代言人。这句话极为正确，名声总是逃避追求它的人，却会追随逃避它的人；这是因为前者投合自己同时代人的口味，但后者则无视它。

赢得名声固然困难，但是得到名声后要保持它却非常容易。名声与荣誉恰成对照，每个人都可能被认为是有荣誉的。荣誉就好像没有一样，所以人们不必去谋取它。

但要保持它却非常困难！因为仅仅一个拙劣的行为，就可以使荣誉一去不复返。相比之下，名副其实的名声绝不会真正失去；其原因就在于，一个人赖以获取名声的行为或作品几乎是永远不会消失的，尽管他并没有再做任何与这名声相配的事情，但名声仍然伴随着他。

如果名声真的消失了，或因久享盛名而失却名声，那么只能说明这一名声是虚假的，换句话说，他不配享有这种名声，人们是因为对他的作品做了过高的估价才给予了他这种名声；要么，就像黑格尔所享受的那一类名声，利希滕贝格这样描述过这种名声：“由一小撮狂热的大学生大吹法螺吹出来——一群空虚的脑袋瓜子发出的回响，这种名声就像意志一样，让后人耻笑，人们可以在这里碰见一些稀奇古怪的字眼所组成的结构，在这精美的鸟巢里安息着很久以前飞翔过的鸟儿，当子孙后代敲开这座流俗因袭的腐朽建筑物的大门时，会发现里面一无所有！——那不过是一处邀请路人的毫无思想痕迹的地方而已。”

事实上，名声只是一个人相比他人而言的本质，事实上，这种本质是相对的，所以它也只具有相对的价值；因为一旦其他人和享有名声的人是同一个样子，那么名声也就烟消云散了。只有一个人无论在何种情况下都拥有的东西才具有绝对的价值——在这里，我指的是他自身最直接拥有的东西。

所以，拥有高尚的心灵和杰出的才智，而不只是名声；拥有那真正有价值的东西，我们才会幸福。人们尊敬的并不是名声，而是使人获得名声的东西，这就是真正的本质的东西。以此获得的名声只不过是一种偶然的意外而已，它主要是作为一种外在的标志对人产生影响，能够使人更加坚定他对自己的高度评价。

因此，正如光本身是看不见的，除非遇到能够反射它的物体，天才也只有当他名声在外的时候才能得到确认。但是名声并不代表真正的功勋，因为得到名声的人们可能并没有功勋；这正如莱辛说的："有人得到了名声但并不相配，有人应当声名显赫却默默无闻。"

如果生活的价值只由别人的思想决定，那这种生活方式就是可悲的。但是，如果一个英雄或天才所具有的价值就在于他拥有的名声，即赢得整个世界的喝彩的话，那么，他的人生就确实是悲惨的。**因此，每个人都是为他自己而活。**

他是什么，以及他生存的方式，与其说和其他人有关系，倒不如说和他自己有关系。所以，如果他的本性欠缺价值，那么他这个人也就欠缺价值。别人对他的生活方式的看法是次要的、派生的，最终只能间接地对他产生影响。除此之外，对于自己的幸福来说，依靠别人的头脑是一种不幸，得不到真正的幸福，而只能得到一种虚幻不实的幸福。

最真实的名声，是流传身后之名

在这座名声的圣殿里，真是鱼龙混杂！——将军，大臣，庸医，骗子，舞者，歌手，富豪，犹太人……在这里，人们的赞誉越真诚，那么人们的敬意便越赤诚，这座殿堂对这样的极少数几个优秀的人物极为热心，却并非为着高尚的灵魂和高度杰出的理智。对于高尚的灵魂和高度杰出的理智，绝大多数人只是口头上给予称赞。

从人类幸福的角度来看，名声只是投合我们骄傲与虚荣口味的稀有、精美的佳肴——这种贪欲毫无节制地在所有人身上存在，只是被小心地隐藏起来了，或许在那些满心巴望着不惜任何代价使自己显声扬名的人身上最为强烈。一般来说，这样的人在走运之前必须寻找出没无常的时机，让自己的价值接受检验，并让其他人明白自己是怎样的人；但是在那之前，他们觉得自己受到了某些不为人知的、不公正的对待。

不过，正如我在这一章开头所说过的，**不合理的价值是以其他人的评价为基础的**。它和真正的价值并不相称。霍布斯言词激烈地对这个问题表达了自己的看法，他的观点无疑是十分正确的。

他写道："当我们同别人比较，并得出我们自己更优秀的结论时，精神的愉悦和某些心醉神迷的欣慰便会油然而生。"所以，我们不难理解常和名声联系在一起的这种地道的价值，就像那些损失了的东西一样，只要有一点儿想得到它的念头，我们就会感到这种牺牲品的价值。弥尔顿在《列西达斯》中说：

名声是兴奋剂，它玷污了高尚的心，

使纯洁的灵魂蔑视快乐，过着辛劳的日子。

他还说：

要攀上这个顶峰是多么困难，

名声的辉煌殿堂在那远处熠熠发光。

这样我们就会明白，为何世界上最虚荣的人整日把荣誉挂在嘴边，并对它有着绝对的信仰，把它视为激励人们做出伟大行为和创作出不朽作品的原动力。但是，无可争辩的事实却是，名声只是次要的东西，只是价值的一种回声和反映——就好像一个影子或一个标记。不管怎么说，能够引起敬佩的必定比敬佩本身更有价值。事实上，使一个人得到幸福的并不是名声，而是使他获得名声的东西，是他的功绩，或者更准确地说，是产生这种功绩的性情和能力，不管这种性情和能力是道德上的还是理智上的。

一个人天生的最出色的方面，必定对他自己是极其重要的，而不是对其他人；而对它的反映，也就是存在于其他人脑子中的看法，其重要性都是次一级的。配享名声而没有获得名声的人，拥有幸福的最重要的因素；他所缺乏的尽可以从他的实际拥有中得到宽慰和弥补。我们羡慕一个伟人，并不是因为他被那些无能的群盲和缺乏判断力的人们视为伟人，而是因为他确实是一个真正伟大的人。他的幸福在于他创造了有价值的思想并为人们珍藏起来，在千百年后仍然为人们所研究，而并不在于后人如何传颂他。

如此，他便拥有了某种无法被剥夺的东西，这和名声不同，它完全取决于他自己。如果一个人的主要目的就是寻求他人的赞美，那么他就没有什么值得赞美的。虚假的名声正是这样，即他虽然得到了名声，却不配这名声；获得这种虚假名声的人享受名声带来的好处，但他并不具有赢得名声的坚实基础，名声仅是这种基础的显露在外的标志。虚假的名声一定会使拥有它的人对自己不满，因为尽管这种假象会产生自爱，但一旦他处于自己从未意欲达到的高峰，就会头晕目眩；或者会把自己看成一个冒名顶替者，他时刻害怕被人发现，害怕有价值的东西成为泡影，他会在有识之士的脸上看出这样的意思——他真像那些靠伪造遗嘱而骗取了财产的人。

名副其实的名声，流传身后的名声，并不为这名声的主人所知晓，然而我们仍然认为他是一个幸福的人。**他的幸福就在于他具有使他获得名声的真正品质**，同时，也在于他能有机会发扬这些品质，并能以适合自己的方式行事，专心于他所喜爱的研究，因为只有这样创作出来的作品才能获得后世的名声。

他的幸福还在于伟大的心灵或健全的理智——当理智在他的作品上打上深深的烙印，便会得到后世的赞扬。那使他幸福的思想，将会流芳百世，无数代心灵高尚的后人持续不断地对其进行研究。流芳百世的名声的价值在于这一名声实至名归，这就是名声的报答。注定要获取名声的作品，是否能在作者所处的时代得到名声，那只是侥幸的事情，这并不是很重要。因为一般人缺乏鉴赏力，而且也绝对意识不到创作一部伟大作品的艰难，所以人们常常受权威的摆弄。

名声在他们那里被弄得泛滥成灾了，这意味着，百分之九十九的人单凭他人的信仰便可得到它。如果一个智者活着时便闻名遐迩，那么他是不会太在乎这名声的，因为那不过是几个声音在引起回响而已，而那几个声音也不过是一时的产物。

如果一位音乐家知道，他的听众除几个人外全是聋子，这些聋子为了掩饰他们的耳聋，每当看到那几个人欢呼便立刻热烈地鼓掌，那么他还会为听众的掌声雷动而高兴激动吗？如果当他知道，那几个人是因被收买而为最蹩脚的演奏者高声喝彩时，他又会做何感想呢？这样我们就能很容易理解，为什么同时代的人的赞誉很少能够成就不朽的名声。

什么样的人容易出名？

达朗贝曾这样评论过著名的文学家：“在文学这座殿堂里，住着一些已死去的伟人，他们活着时在这里毫无地位；还住着一些活着的人，但随着死神的降临，他们便立刻被赶出了这座殿堂。”在这里我顺便说一句，为活人树立丰碑就等于说后人无法评价他。如果有人在生前就碰巧能享受到真正的名声，那么这种事情极少发生在年轻人身上。或许，这样的例外更多发生在音乐家和艺术家身上，但却极少发生在哲学家身上。

从那些因为其著作而闻名的人物的肖像来看，我们就更可以坚信这一点，因为大多数肖像是在人成名以后画的；一般来说，画家们都表现的是他们年老的模样，有的满头华发，如果是一位健在的哲学家，则更是这样。从幸福主义者的角度来看，这样做是非常恰当的，因为对于一个注定要死亡的人来说，既获得了名声又年轻，那就太过分了。

年轻便足够了。然而，当到了老年，生活的快乐和消遣就犹如秋天的落叶，一去不复返了，也就在这时，名声才像冬青树一般适时地开始萌芽。所以，名声就像这样一个水果：整个夏季都在成长，只有到圣诞节才能享用。

到了老年，再也没有什么比这种想法更能让人宽慰的了：“我们在年轻时已经把全部的活力都灌注到了著作中，这些著作至今仍然年轻。”

最后，我们主要来讨论一下因各种理智的追求而获得的名声，因为我的评价与这类名声的关系更为直接一些。

我认为，从广义上说，杰出的理性就在于形成理论，也就是对某些事实重新进行组合。这些事实可能迥然相异，但这些事实越容易认识和越属于我们日常经验的范围，那么，使它理论化而获得的名声也就越大。

例如，如果所谈到的这些事实涉及某些特殊的科学分支，如物理学、动物学、植物学或解剖学，或古代作家的断章残篇，用一些人不识的字母所书写的难以破译的碑文，历史上的疑难点，要获得这种名声就得对各种材料进行一番勘正，这种名声只流行于那些研究这些学问的人群中，不会超出这个范围。因此这种名声只在极少数、通常过着隐居生活的人之间传播。他们对于在他们这一领域里声名卓著的人心怀妒忌。

假使这样的事实就像大家所了解的那样，如：人类心灵或人类心智的基本特点是任何人都具有的，我们就能看到真正的自然的力量在持续发挥作用，或看到自然规律的一般进程，那么，通过传播说明这些现象的新颖而正确的理论所获得的名声，便会及时地在整个文明社会传开。因为，如果每个人都能理解这样的事实，那么一般人也能理解这种理论。

但名声传播的范围与我们所克服的困难的大小有关，**这些事实越是为一般人所熟知，那么越难形成一种新颖而正确的理论**，因为这些事实在大部分人头脑中盘踞，几乎不可能说出以前从来没有说过的道理。

另一方面，只有经过大量艰苦卓绝的奋斗，才能让人们接受那些他们之前很难接受的事实。这样的事实几乎都能重新进行组合并形成新的理论；所以，如果一个人有健全的理解力和判断力——这并不需要极高的理智能力，并运用到这些事实，人们便能毫不费力地、幸运地得到关于这些事实的新颖而正确的理论。

然而知道这些事实的人并不曾获得这样的名声，无可置辩，如果只是为了了解这些事实，需要进行大量艰苦的研究工作才能回答这一类问题，在赢得显赫名声这条途径上，甚至根本无须付出任何劳动也能领会这些事实。但是，一个人所付出的劳动越少，对他的天赋或天才的要求就越高；在创造的价值和受到人们尊敬方面而言，艰苦的研究工作是不能与才能相提并论的。

耐得住寂寞，才享得了盛名

那些自认为具有健全的理智和判断力，但又不相信自己是天才的人，并不害怕艰苦的研究工作。因为只有依靠勤奋努力，他们才能使自己在众人中脱颖而出。众人也常常看到这些事实，但他们认为这一切都是孤立的。而通过艰苦的学习，就能理解这些。

在这个领域鲜有竞争对手，唯有有节制力的人才可能找到机会发现既新颖又真实的理论，**而他的发现的价值，有一部分取决于他所面对事实的困难**。

但是，大众只能遥远地听到他因此获得的喝彩声——这些喝彩声来自他的具有专业知识的同行。如果对这类名声进行深究，我们最终就会明白，无须形成自己的理论，只要接触到了那些极艰难的事实，便足以奠定这种名声的基础。

例如，一个人在那些遥远而陌生的国度里旅行，使他建立名声的是他的见闻，而不是他的思想和观感。这类名声的最大长处就在于，讲述自己的所见所闻，要比表明自己的思想更加容易；描述更易为人所理解，而非观念；描绘性的书籍要比思想性强的书籍更容易阅读。所以，阿士莫斯说：

只有远走他乡，漂洋过海，
归来时他才有故事可讲。

与一个著名的旅行家交往，常常会让我们想起贺拉斯所说的这样一句话："新景象并非一定意味着新思想。"一个人如果发现自己具有很强的精神力量，那他就应该去解决那些最为艰深的难题，如有关整个自然和全人类的问题。所以他应把他的研究深入各个领域，避免在一些岔道上走得太远而迷失在一些鲜为人知的领域。

换言之，他不要太过纠缠于某些特殊的知识或某些细枝末节的琐碎问题。他不必为了逃避为数众多的竞争对手而陷入一些艰深偏僻的问题。他从普通的人生中便可以得到足够的材料，从而形成严肃而真实的新理论。他的努力会得到大多数人类成员的称赞，因为他所谈论的那些问题为他们所熟悉。诗人和哲学家获得的名声与研究物理学、化学、解剖学、矿物学、动物学、语言学、历史学的学者所获得的名声之间，存在着巨大差别，原因就在于此。

Part 7

内心的宁静是幸福的根基

我们既不应该沉湎于对往事的追悔惋惜，也不应该因牵挂未来而思绪不宁、焦虑企盼，而应该牢牢记住：只有当下才是实在的、确定的。

要有纵观全局的眼光

建造一所房子的工匠可能一点儿也不了解这所房子的总体规划，或者，至少他无法每时每刻都考虑到它。对于一个人来说也是这样：他很少在自己生命时光的流逝中，把生命当作一个整体来考虑它的特征。

假如一个人的生涯中有某些有价值的或重要的东西，假如他为某项具体工作费尽心思，那么，将注意力不时地转向其生活或工作的规划，也就是它的一般轮廓的缩影，就显得不仅十分必要而且十分适宜了。当然，他必须运用“认识你自己”的格言，也必须非常了解自身的技艺，才能做到这一点。

他必须明白，什么是生活中最主要的、最真实的目标；亦即为了得到幸福，什么是他最需要的。而且，他还要明白什么是在他的思想中依次占有第二、第三位的目标。他必须了解，总体上，什么是他的天职，什么是他应尽的责任，以及什么是他与世界的一般关系。假如他为自己的重要工作做了大致规划，那么，只要瞥上一眼他的生活蓝图，就能使他得到激励，使他变得高尚和完满，使他远离错误的道路。

此外，就像一位登高的旅游者，要想得到一个通盘的概观，只有越过他脚下蜿蜒曲折的道路，放眼去看；因此，只有当我们把人生旅途中的某个阶段走完时，才能认清我们所有行为之间的真实联系——也就是我们做了什么，并拥有了什么。只有到那时，我们才能明白我们一切努力的价值所在，以及精确的因果链条。

因为，只要我们实际上沉陷在日常的生活琐事中，我们的行动就总是以自己的天性为依据，并且总是受到情感的左右或能力的限定——简单来说，我们一直都被自然规律制约着，时时刻刻都在从事我们认为是正当的事业。只有到了后来，在我们回首整个人生旅程及其总体结果时，我们才会最终明白它的所有奥秘。

实际上当我们正在创造某件不朽作品或进行某项伟大事业时，我们所考虑的只是达到眼前的目的，是完成当时的计划，做目前的事，而没有意识到这件事的本身。

只有当我们最终把人生作为一个联系着的整体来看时，我们真实的品质和能力才能展示出来；我们也才能明白似乎是某种幸福的灵感，在形形色色的情境中，引导着我们将那唯一真实的路途从可能使我们趋向毁灭的千百条道路中选出来。这是一种既能够在理智的事物里被感知，也能够在世间的事物中被察觉的引导我们的创造力，而且，因为其自身的缺陷而以相同的方式造成不幸和灾难。

生命在于把握当下

在现在与将来这两个着眼点之间保持恰当的比例，以免因为过多地关注其中的某一个而损害另一个，这是理智行为的另一个重要因素。有很多人——我指的是那些无关紧要的人——只生活于现在；而另一些人则又沉溺于未来，总是愁思满腹，忧心忡忡。只有少数人可以在两个极端之间保持平衡。

那些将希望寄托在未来，为之努力奋斗，并只生活在未来的人，对那种将要来临的事物总是翘首以盼、迫不及待，似乎一拿到这种东西就能获得幸福，虽然那些人气度非凡、聪明绝顶，严格来说，就和人们在意大利看见的短尾猿一样，支撑着他们的是一种希望最终得到它的冲力，这种冲力使他们一直急急忙忙，紧追不舍。那事物总是恰好出现在他们的前面，而他们则总是想尽办法得到它。

就其整体存在而言，这种人置身于一种恒久虚幻的情境之中；在一种短暂的临时状态中继续生活着，直到最终走完其人生的旅途。

所以，我们既不应该沉湎于对往事的追悔惋惜，也不应该因牵挂未来而思绪不宁、焦虑企盼，而应该牢牢记住：只有当下才是实在的、确定的；过去常与我们曾经预料的相去甚远；未来也总是无一例外地使我们的希望落空。总而言之，不管是过去还是未来都比不上我们所想象的。相同的物体，因为间距，在肉眼看来要小一些，但思想却能够把它想象得很大。

唯一真实可行的就是现在；只有它是富有现实性的时刻，我们的生存也正是在这绝无仅有的时刻才无比真实。所以，我们应该永远为此而充满欢乐，并把它应有的欢迎还给它，尽情享受每一时刻——因为充分意识到它的价值而从痛苦和烦恼中摆脱了出来——的快乐。如果对过去希望的落空难以释怀，又对未来的前景焦虑不安，我们是做不到这一点的。

由于为陈年往事懊恼和为未来担忧，而妨碍了眼前的幸福，或拒斥现在的幸福时刻，都是极为愚蠢的。当然，人一生中总有某些时候是深谋远虑和抱憾终身的。然而，一旦往事成为历史，为使我们的情绪得以缓和，我们就应当想想，逝者如斯，并向它挥手告别——必须消除心灵对过去发生之事的悲伤，而使心情保持愉快。出自《伊利亚特》，第14章，第65节。

至于未来，我们只能认为它不在人力所及的范围内，

只有神知之——事实上神掌握着此种事。出自《伊利亚特》，第17章，第514节。至于现在，就让我们记住塞涅卡的忠告：“尽我们最大的努力去愉快地迎接它，因为这是我们仅有的真实的时刻。”**愉快地度过每一天，似乎我们的全部生命就在这每一天中。**

能够侵扰我们的只有那些势必会在某个不确定的时刻降临到我们身上的不幸，可是，几乎没有什么能够对此做出完满的说明。因为不幸或灾难有两种类型：或者只是一种可能，即便是极大的可能；或者是无法避免的。就算是那些难以避免的灾难，也不能确定其发生的具体时间。如果一个人总是保持戒备，那么，他便永远无法得到安宁。

因此，倘若我们并不因为对灾难——其中，有的将在某个时刻发生，有的本身就是不确定的——的恐惧而将生活中的全部乐趣通通放弃，我们就应该要么把它们当作根本就不可能发生的灾难，要么把它们当作短时间内不会发生的灾难。

因此，一个人心灵的宁静越是能够不被恐惧所侵扰，就越是可能会被欲望和期待所骚动。这就是歌德那首诗——它适用于所有人——的真实含义："我已将一切抛却。"

唯有当一个人抛弃所有虚伪自负并且求之于非文饰的、赤裸裸的存在时，他才能够达到人类幸福的根基，即心灵的宁静。心灵的宁静是一切片刻享乐的本质；而且，人生之乐一眨眼就没了，必须抓紧现在的每一分每一秒。我们应当一直牢记：今日只有一次，一旦失去，就再也回不来了。我们总觉得明日还会来；然而，即将来临的明日已是新的一日，而且，它也是一去不复返的。

每一天都是一个整体，所以也是生命中无法被替代的一个部分，然而，我们经常忘记这一点，却习惯于把生命看成无法体验的观念或名称——如果是这样，将个体包容在自身之中的生命便被破坏了。

我们应当在那些幸福而充满生气的美好日子里，尽情地欣赏和享受；就算是在悲苦忧愁的时候，我们也应该回想过去的每一寸光阴——在我们的脑海中，它们仿佛远离痛苦与哀伤——是如此令人妒羡。犹如失却的伊甸园一般的往昔，仅在此时，才能使我们真切地体会到它们是我们的朋友。

可是，我们在欢度幸福时刻时却没有珍惜它们，只有在灾难将要来临时我们才希望它们能够归来。在无聊的事务之中，无数欢快和愉悦的时光都被消磨殆尽；我们经常因为各种不愉快的琐事而与这些愉快的时刻擦肩而过，一旦灾难降临，我们却又会为了它们徒然空叹。当下的那些时刻——哪怕它们并不是平凡而普通的——通常都会被漫不经心地消磨过去，甚至迫不及待地被人置于一旁，而事实上它们才是我们应该引以为傲的时刻；人们从来没有想过流逝的时光正不停地把现在变为过去——在那里，记忆让一切变得理想化并永远闪烁着光芒。后来，特别是在我们面临窘境的时候，面纱才会被揭去，而我们则为之终身遗憾。

生活越聚焦，幸福越丰满

幸福总是有限的。我们的幸福受到我们的视域、工作范围、同世界的触点的制约和界定，并与其协调相称。我们的担忧和焦虑会随着这些限定的范围的扩展而变得越来越严重；因为这表示我们的烦恼、欲望和恐惧在不断增长和强化。这就是愚昧无知者并没有我们想象的那样不幸的原因，不然的话他们脸上的表情就不会这么温顺、安详了。

幸福之所以是有限的还有一个原因，那就是与前半生比起来，人的后半生要更为凄凉冷寂。随着时光的流逝，我们的视域不断扩展，与世界的触点也在不断延伸。童年时代，我们所能看到的只有周围狭小的范围；青年时代，我们的视野有了引人注目的拓展；到了中年时代，我们的视野已能够包容我们活动的所有范围，甚至还向更遥远的界域伸展——比如，操劳、忧烦国家或民族的大事；而到了老年时代，还要牵挂子孙后裔。

哪怕是在理智活动中，我们对幸福的追求肯定也是有限的。因为，意志越是能够保持冷静，我们遭受的痛苦也就越少。我们知道，痛苦的状态是肯定的，而幸福的状态则是否定的。为了突出意志的内驱作用，我们对外部活动范围做出了限定；而为了突出了意志作为内驱力源泉的作用，我们则对理智能力做出了限定。后一种限定经常会碰上麻烦，即它为那些让人感到厌恶的事物敞开了方便之门；

一个人为了摆脱这些烦扰，将利用各种便利的方法——比如闲荡、挥霍、社交、娱乐、饮酒等，这些方法将带来堕落、灾难和不幸。一个人要是无事可做，就难以保持心灵的宁静。

那种对外部活动范围的限制有利于获得幸福，甚至可以说，它们都是人类获得幸福的必然条件。人们可能注意到一个事实，描写人们幸福生活、安宁心境的诗——我想说的是那些质朴宜人的田园诗——所表达的通常是生活在单纯狭小的环境中的人，而这一点正是田园诗意境中的核心与本质。与此同时，它还是一种情感，即我们在对所谓的风俗画进行欣赏时所体验到的那种愉悦的本质。

所以，倘若简陋质朴乃至单一不变的生活方式并不使我们感到厌烦乏味的话，那么，它对我们的幸福还是有益的；因为，至少生活连同其不可避免的重复，正是在这种境况中，能够被人感受到：它像一泓涓涓的小溪，悄然流逝，是如此平静，甚至没有引起一丝波纹或漩流。

一个人倾注全力的是什么事物，决定了他是幸福的还

是痛苦的。在这方面，单纯的脑力工作——这发挥的是精神自身的能力——通常来说，要比别的形式的生活实践享受到更多的幸福，因为后者一般会在成功与失败的不停更迭以及因此产生的种种不安宁和痛苦的折磨中沉陷。

需要说明的是，只有具备杰出的理智能力才可以从事这种脑力工作。对此需要做点儿解释，一个人如果致力于外部世界的活动，不仅会分散他的注意力，使他无法专心从事理智研究，还会使他丧失脑力工作所必需的心灵的宁静；另一方面，在进行长期的纯理智思索之后，他也很难再适应现实生活的喧嚣嘈杂。

所以，倘若环境允许的话，即如果某些世俗事务不需要较高的理智能力的话，也可以适时地使脑力工作暂停片刻。

Part 8

合理支配欲念，才能使内心安宁

我们必须对我们的希冀加以限定，对我们的欲望加以压制，对我们的愤怒加以削减；而且，要永远牢记：个人所能得到的仅是他应具有的东西中非常少的部分。

别让忌妒之火灼伤自己

忌妒是人的本性，它能迅速成为一种邪恶并带来悲痛与苦难。忌妒展示了人们是如此不幸；他们一直关注别人做了什么，没做什么，表现了他们有多么苦恼。我们要把它视为美满人生的宿敌，要像消灭其他所有恶念一样熄灭心中的忌妒之火。这是塞涅卡对世人的忠告；就如他所言："将自己的人生与别人的幸福比较，是对自己的折磨，如果避免这种行为，那我们会对自己所拥有的一切感到满意。""假如别人生活得比我们好，那就想想还有多少人身陷囹圄。"出自《书简》第15章。

事实上，当灾难真的降临到我们头上，最大的安慰——虽然它与忌妒同根同源——恰恰是意识到还有比我们更悲惨的人；其次是意识到世界上那些与我们有类似遭遇的人——他们分担着我们的不幸和苦难。

关于忌妒，我们大可认为是针对别人的。倘若我们遭遇他人的忌妒，就要永远牢记：没有哪一种仇恨能比由忌妒而生的仇恨更加根深蒂固；所以，我们要谨小慎微，以免遭人忌恨；而且，像其他各式各样的不幸一样，因为其后果的严重性，我们也绝不能玩弄可恶的忌妒之火。

贵族有三种类型：（1）贵在名分；（2）贵在财产；（3）贵在精神。而第三种是真正最高贵的，它荣踞首位的资格最终也会被人们认识到。正如卓越的弗雷德里克大帝也认同这点一样——当国王内侍对下述事件表示惊讶时，即将军和大臣们都要屈位于内侍之下，但伏尔泰却享有与国王及皇室成员同席的特权，弗雷德里克大帝就对他说："精神上的超群绝伦是至高无上的。"

上述贵族的三种类型都令人忌妒艳羡。无论你是哪一种类型，都会受到暗箭的攻击；若无恐惧威慑，他们就会一直焦虑不安，只因担心你明白你比他们优越。这种焦虑不安让他们真实存在的忌妒心暴露无遗，也恰恰是这一点让你认清了他们的真面目。

如果你遭人忌妒，那就应该和心怀忌妒的人拉开距离，且尽可能避免与他发生任何联系。这样就在你与他们之间形成了一条难以逾越的鸿沟；如若做不到这一点，那么，[illegible]，在这种情况下，以彼之道还施彼身是最好的方式。通常来讲，大家都是这么做的。

上述三种贵族之间基本能和谐共处，相安无事，他们之间没有忌妒，因为他们各自的优越性会导致一种平衡。

沉着冷静地应对灾祸

在一个计划付诸行动之前，你要做审慎和周密的考量；并且，就算你已经在心中有过反复思考，但人类自身判断力的局限性也会造成各种问题；何况意外情况时有发生，例如，常常会突然出现各种无法预见的状况，让你的精心谋划变成一场空。这是从反面来考虑问题——它告诫我们在重大问题上不要做一些徒劳无功的事，不要将宁静扰乱。

不过，一旦下定决心并开始行动，你就要坚持下去，直到做出成就——既不能让新想法对已经做好的决定做出干扰，也不能对未知的风险心生顾虑，而要让你的意志彻底挣脱这些困扰，不再去对它们进行探究，要相信你已经在适当的时机慎重地考虑过这些问题。同样的忠告也出现在一则意大利格言中，歌德是这样翻译它的：“欲骑则须细备鞍，上马则应勇向前。”捎带提及一点，读者可能已经注意到，歌德以《谚语》为标题发表的许多格言，都是翻译自意大利文。

倘若你以失败告终，那也是因为生活这场游戏本身就是充满侥幸和失误的。就连最伟大的智者苏格拉底也需要他的守护神的忠告，好让他在自己的个人事务中能够正确行事，或者，至少不犯错误。这证明人类的理智无法完全胜任它所承担的重负。

有这样一种说法——据说最初来自蒲柏的作品——觉得，当我们遭遇不幸和灾难时，至少在某种程度上，我们自己应对其负责。假如说，并不是绝对每次都是这样，但也一定在绝大多数情况下都是这样。看上去，这似乎与人们为了逃避不幸而竭尽全力地奋斗有莫大的关系，因为他们害怕自己所遭遇的不幸会使他们应承担的责任暴露，所以他们总是乐观地对待来临的灾难。

当灾难已经发生，且不能加以改变的情况下，你就不该再为当初感到后悔，更不能说或许用这样或那样的方法就可以避免它，因为这种反省只会增加自己的痛苦并使其变得愈加无法忍受，如此，你将会成为一个自我折磨者。我们还是向大卫国王学学吧，一旦他的儿子因病卧床不起，他就会一直祈祷，恳求耶和华能让他的儿子康复如初。不过，当他的儿子死去时，他却只打了一个清脆的响指，之后就不再为这件事费心了。

倘若灾难降临时我们不能继续无忧无虑地生活，那就只有向宿命论寻求安慰了，我们将清楚地知道必然会发生这一切，所以这些都是无法避免的。

不管这一忠告多么真实可信，它都是不完整的、片面的。但当你的灵魂得到解脱、获得短暂的安宁时，这一忠告的作用就是巨大的；但是，当你的不幸来自你自己的愚昧或轻率，或者，至少在一定程度上是你自己的错误造成的，考虑怎样去避免这种盲目或错误则是有益的。虽然这是个非常敏感的问题，但时常反省思考——一种自律的适宜形式——能使我们在日后变得更加聪慧，更加完美。

如果我们发现了错误，就不应该——像一般情况下所做的那样——托辞狡辩，或文过饰非；而应当承认我们的错误，并认清这些错误所造成的所有恶果，避免今后重蹈覆辙。毋庸置疑，这种自我惩罚会非常痛苦，但是，我们应该记住：孩子不挨打是不会成器的。

在所有与我们幸福与痛苦有关的事物中，我们应当小心的是不要在幻想的驱使下去构建虚无的空中楼阁。首先，要为其付出高昂的代价，因为我们必须马上推倒它们，因此便会造成种种痛苦和悲哀。

我们还要提防不要在想到那种子虚乌有的灾祸时悲伤难过。如果这些都是胡编乱造的，或者是可能性非常小的灾难，我们就该立刻从虚幻中清醒，并认识到全部的情境只是一种幻觉；那么我们会更加热爱真实生活而非虚假的梦幻，最多只会提醒自己还有可能会发生不幸——虽然这种可能性微乎其微。不管怎样，这些都不是想象力喜爱的事物，而只是我们在无所事事之时幻想出的空中楼阁，而且呈现出的画面总是使人感到愉悦。

真正在一定程度上威胁我们的灾祸是那种会引起可怕[illegible]一段距离，但我们能借助想象透过虚幻的表象看到或许会发生的灾祸，从而让它们看起来要比真实的灾难更加恐怖，更加严重。这种梦幻非常奇特，它不像令人愉悦的美梦那样一醒过来就能够轻易摆脱；因为，在现实中甜美的梦很快就会破灭，最多剩下尚有可能性的一点淡淡希冀。我们只要沉湎在悲观沮丧之中，幻觉——它不可能这么轻易地消失——还会产生；因为人们总是可以认识到幻觉。

不过，我们往往无法对可能性的精确范围进行预算，因为可能性常常轻而易举地就会变成可能的事物；于是，我们便开始自我折磨。所以，我们千万不能杞人忧天，徒增烦恼；而应沉着冷静、泰然自若地思考问题，尽管这个问题并不直接与我们相关。我们不应当在这里发挥想象的作用；因为，想象与判断不同——它只会产生幻觉，而这些幻觉常常带来一种没有益处的，甚至是非常苦痛的心情。

每个清晨都是新的开始

在这里，我坚定地认为夜晚是尤其要防范的。因为黑暗会让我们胆小如鼠，好像到处都有游荡的幽灵，这就像思想暧昧晦暗时发生的情况那样；那摇曳不定、忽明忽暗的灯光常使人胆战心惊，感到危机四伏。所以，在我们思想松弛、判断力衰退的夜晚——此时，夜好像显得更加深沉，我们的心智就会变得呆滞，容易产生混淆，不能把握事物的本质；在这种情形下，如果我们思考关乎我们个人利益的事物时，这些事物的形象就会变得危险而恐怖。深夜，我们躺在床上时经常会出现这种情形；因为，此时精神上已彻底松弛，判断力也无法起作用了，但想象力却还是那么清醒活跃。黑夜给所有事物都蒙上了一层纱幕，让人看不分明。

这就是在我们入睡前或处于似睡非睡状态时，我们的思想经常如此混乱并把梦境和现实相互颠倒的原因。这时，我们的心思倘若专注于我们自己的事情，这些事情通常就会显得非常险恶可怕。而所有这些恐怖感一到早晨，就会如同梦幻一般烟消云散，就像一则西班牙谚语所说的那样：夜晚是五彩斑斓的，而白昼是无色透明的。

但是，就算是在暮霭笼罩的黄昏，只要燃起烛光，思想就会如同眼睛那样，看事物不再像白天那么清晰；此时，

的问题。只有清晨才是沉思的最佳时机——当然，也需尽心竭力，不管是心理上的还是生理上的。因为，早晨是一天的开始，所有事物都清新自然、生机勃勃；这时，我们会觉得自己强健有力，能够自如操控各种能力。所以，要对早晨的宝贵时光加以珍惜，不能贪睡偷懒，不能在无益的琐事或无聊的空谈中消磨它。

在某种程度上，清晨时光就是生命的本质。我们的所有言行举止都仿佛进入了老年：头昏眼花，无精打采，唠唠叨叨，等等。每一天都是一次短暂的人生：万物苏醒、重获新生，每一个清晨都是一次开始，然后，万物都要静止安寝，睡眠就像一次短暂的死亡。

然而，诸如睡眠、健康、饮食、气候、温度、环境等

条件完全是外在因素，通常来讲，会对我们的情绪乃至思想造成重大的影响。所以，时间和空间在很大程度上不仅制约着我们对事物的看法，还制约着我们的行为举止。

因此，一定要珍惜愉悦的心境，它是如此难得原文为歌德语！对于我们周围的世界，我们不可能随便产生新的观点或自由发挥独特的思维：一切都必须遵循自然。因此，我们的相关个人事务也是这样，尽管我们已经做到了事先考虑并尽量使其实现，然而，我们依旧未必能抓住时机对它加以掌控。因为，思绪时常会突然活跃起来，即使没有任何外在契机的刺激；此时，我们可能会因强烈的兴趣任其在头脑里疯狂地奔腾。在这种情势中，我们往往情不自禁。

我所述的这种对想象的抑制，可以阻止我们扬起记忆的风帆，向那令人痛苦的过往驶去，或者对我们曾经遭遇的伤害、不公、侮辱、蔑视和烦恼等损失加以淡化；因为，这样做可以使我们的精神振奋，开始充满生机的新生活，而那些可恶的情感记忆——特别是腐蚀和摧毁我们品性的愤怒和怨恨的情感——将被永远埋葬。

从沉重的忧虑中解脱出来

在一则脍炙人口的寓言中新柏拉图主义者普罗克勒斯指出，在所有城市里，劳苦大众总是与那些富有而体面的权贵们为邻，如此，便人人平等，不再有什么高贵或权威。因为，在他们的内心深处都有各种原始粗俗的欲望，从而使其们似动物。不可以任凭民众过度或任其在暗处蛊惑人心，那种情形是十分可怕的，而它恰是我上述的那种想象力的爆发导致的结果。

即便是最微小的纷扰——不管它来自我们的同伴还是周围的事物，也可能被放大成无边的烦恼和痛苦，从而使自己陷入不知所措、智穷才尽的境地；因为我们只是一味地在所处困境的郁闷焦虑的思维之中沉湎，对所遭遇的种种麻烦过分地进行渲染。对那些使人不悦的事物保持一种漠然的态度则是明智之举。只有这样，我们才能在面对困难时应付自如。

假如你在眼前放一个小物体，它也会挡住你的视线，使你无法看清这个世界，同样，越靠近我们的人或事物——虽然他们不值一提——通常越具有一种虚假的吸引力，令人厌恶地占据我们的头脑，迫使我们无暇顾及那些严肃的问题和重要的事情。我们应当避免这种倾向。

当我们遇到那些并不属于我们的事物时，很容易会有这样的想法：“唉，这要是我的，该多好！”这时，我们就会觉得自己拥有的东西很匮乏。与此相反，假如我们更频繁地把自己置于另一种情况下，“唉，这要不是我的，该多好”，可能更加适宜。

我想说的是，我们在看待事物时，有时也应该采取这样的观点，即我们如果失去它们就不能再得到；不管它们可能是什么，妻儿、健康、朋友、财产或别的我们珍爱的人、狗、马等——通常来说，我们意识到它们的价值都是在失去它们之后。

假如我们最终按我所说的方式对待事物，毋庸置疑，我们将成为胜利者；我们将因此马上获得更多的愉悦，而且，我们还会竭力防止它们丢失。比如：不冒妻子被引诱的风险，不冒孩子有损健康的风险，不冒朋友绝交的风险，或者不冒财产丧失的风险，等等。

我们往往对未来怀有巨大的希冀，梦想将来大功告成，并借此将心中的忧郁和愁闷统统驱散；这是一个使我们产生无限遐想的过程，其中有很多幻想、错觉。一旦残酷的现实生活使得这些美好的想法破灭，我们就会身陷绝望之中。

[illegible]能发生的不幸，就能好很多；因为，这样做时，我们就预先为自己提供了防范措施，而且，倘若灾难没有发生，会更加令人惊喜。

实际上，在我们熬过一段令人焦虑的时期后，难道不总能感受到精神上发生了显著的升华吗？更进一步说，偶尔地考虑一下恐怖的大灾难也是有好处的——这样的灾难经常可能会降临，虽然它们其实已经发生了，相比之下，我们就会更容易承受现实生活中经常遇到的小灾小难。这也是我们想象那从未发生过的灾难时可以自我安慰的东西。不过，在执行这一原则时，必须要留意我在前一节中说过的话。

吸引我们注意力的事物——不管是工作要务还是琐碎小事——都是千姿百态、多种多样的，倘若单独并且按照非固定的次序或关系来看，它们就像一个个比差强烈的混合体，而且无一雷同，不仅这样，它们对我们也有特定方式的影响。假如我们的意念与思想的各种问题保持一致，那么，必然有一种相对应的不一致存在于由这些意念与思想的问题在我们心中引发的忧虑之间。

所以，当我们准备开展某一事情时，首先就要从其他事物那儿收回我们的注意力：这将使我们抓住时机处理任何事，而且，不管我们对它是喜欢还是厌恶，都要排除各种杂念的干扰。这样一来，我们的思想就像被分置在许多小抽屉中，我们既可常常随意打开其中任何一个，同时又不会对其他的造成侵扰。

通过这种方式，我们可以从沉重的忧虑——它严重地影响了我们当下的愉悦，剥夺了我们一时的安宁——中解脱出来；不然，我们对这件事的忧虑就会干扰对其他事的判断，关注某一重要事物就可能会使我们忽略许多偶然发生的不值一提的小事。对于每一个思想崇高的人而言，最重要的是避免陷入个人琐事和世俗烦恼中而无法自拔，从而对更有意义的事物加以排斥；因为，那就彻底失去了生活的真谛。

学会自制，平和地度过一生

就是因为这一点——就像因为其他原因一样，自制是非常必要的；没有它，我们就不能正确地用上述所讲的方[illegible]待自己。倘若我们考虑到每个人都要受制于他周围的环境，自制可能就显得比较容易了。而且，任何形式的生存缺少了自制都是不可能的。

进一步说，适当的自制可以避免遭受他人的巨大强制。正如在一个圆中，跟圆周附近的部位相比，靠近圆心的一块极小的部位差了近百倍。任何事物都不能让我们免受外部力量的制约，就像我们不能没有自制一样。塞涅卡说，服从理智就是让万物从属于你。自制也体现了我们的自身实力。

万一遇到最糟糕的情况，使我们碰上不幸，我们也能缓和或减轻其危害性。如果其他人必须运用强制手段，并对我们的情感视而不见，则他们一定会冷酷无情地对待我们。所以，通过自制而避免被强制是十分明智的。

我们必须对我们的希冀加以限定，对我们的欲望加以压制，对我们的愤怒加以削减；而且，要永远牢记：**个人所能得到的仅是他应具有的东西中非常少的部分**。另一方面，每个人一生中肯定会遭受若干次灾难的折磨。

总而言之，我们必须忍耐和克制。倘若我们忽略了这一点，那么，即便是健康和能力也不能使我们摆脱痛苦的体验。

这就是贺拉斯提醒我们经过刻苦而细致的研究，始终探寻获得宁静淡泊的生活——而非总是被那些盲目的贪妄、恐惧和希望所纷扰，这些毕竟是不值一提的——的最佳途径是什么的意义：但凡能合理支配意念的、具有远见卓识之人，皆可平和地度过一生；不要让贪欲来烦扰你。

Part 9

健康是构成幸福的主因

生命在于运动。我们如果想要有所建树，不管怎样，都得学习，都要工作，我们是无法脱离活动而生存的！

在奔忙的生活中享受快乐

亚里士多德说："生命在于运动。"很明显，他是对的。从生理方面看，我们的存在是建立在我们的机体不断运动的基础上；从心理方面看，我们借以存在的是不停地占有——不管它的形式是物质的活动还是意识的活动。

我们常常可以看到这样的情形，当人们百无聊赖或焦虑不安时喜欢用小棍、手指或别的什么伸手可得的东西连续地敲桌子。这恰好表明人性本质上的特征是骚动不安的：我们会马上对百无聊赖感到厌倦；这种烦躁是令人难以忍受的。它敦促我们去引入某种方法，改善自己的行为，从而使自己获得更大的满足。

活动！——我们如果想要有所建树，不管怎样，都得学习，都要工作——太幸运了，我们是无法脱离活动而生存的！一个人想要将其潜能发挥出来，假如他能做到的话，那么，看看这种活动将会产生怎样的效果；如果他能制造[illegible]只篮子，他都将感到巨大的满足。

看到自己的双手日复一日地劳作，最终完成一件作品，会让你直接从中获得愉悦。这种愉悦与一件手工艺品，或一件艺术作品，甚至只是一种手工劳动相关；当然，这件作品越是优秀，就越能给人带来更大的愉悦。

从这个观点来看，那些人是最幸福的，他们认识到伟大的目标会激发创造伟大作品的能力：这让他们的生活别具一番高雅的情趣；不过，因为它忽略了常人的情感而不免有些曲高和寡，相较来说，变成了某种让人觉得枯燥乏味的东西。同时，他们天赋异禀，所以对生活和世界具有一种卓尔不群、远超常人的理解，是某种在传统之上的情趣。

他们从生活和世界中采撷创作的素材；而且，只要没有个人需求的压力，他们马上就会全心全意地投入到勤勉的采撷工作中去。

他们的才智也是这样：在某种范围内，可以说是具有双重特性的，一方面，他们在日常生活中的平凡琐事上运用自己的才智——对于他们和普通大众来说，这些事都是稀松寻常的；另一方面他们也将自己的才智运用到独特的工作上——对生存进行纯粹客观的静观和反省。

绝大部分人在世界这个大舞台上都是默默无闻的，尔后便永远地消失了，只有智者过着既是演员又是观众的双重生活。

那么，还是让大家都做些力所能及的事情吧。没有稳定的工作，也没有适合的活动区域——这是一件多么悲惨的事情！长期的动荡不安会给人带来极大的痛苦；因为不具备那种被称作占有的东西，他被迫超出了自己正常的活动范围。

奋斗吧，与困难做斗争！这就如同田鼠一般在地下孜孜不倦地奔忙的人的本性！满足他的一切欲望会成为令人无法忍受的事情——愉悦一旦持续太久往往会造成一种停滞感。

[illegible]存的快乐进行充分体验，不管我们将在哪里遇到障碍：不管是在工作中、生活中、社交中还是在精神的劳作——亦即在尝试控制其对象的精神探寻中。斗争和胜利总是能给人带来快乐。

假如一个人没有抖擞精神的机会，就应当尽量制造机会，而且，根据他自己的能力和兴趣决定自己是去玩台球还是去打猎；或者在他本性中那种毋庸置疑的因素的引诱下，与某人发生矛盾，或策划阴谋，或参与诈骗及流氓活动——这一切都是为了使那令人无法忍受的死气沉沉的静止状态结束。就像我所指出的，当你百无聊赖时，是无法保持悠然宁静的心情的。

不要被虚假的幻象蛊惑

人应当避免被自己的想象力幽灵所蛊惑。这与服从经过深思熟虑的思想的指引是两码事，但却是误导大部分人的生活规则。假如你仔细观察周围的事物，经过一番考量，最终对某一特定事物产生兴趣，通常来说，你会发现编排有序的观念并不能对你的选择产生影响——虽然这些观念是更符合规则的判断依据。

在伏尔泰或狄德罗的小说——我将准确的出处遗忘了——中，像年轻的赫尔克里斯那样的英雄站在十字路口，也是不能看见任何善的踪影的，只有左手握着鼻烟盒，并将一撮烟丝从里面取出，然后扮作他的道德说教的老师，才能看到善；此时，扮演着他母亲形象的恶出现了。

特别是在青年时代，我们往往容易把竭尽全力为之奋斗的目标当作虚幻的幸福憧憬，它们常常浮现在我们眼前，有时甚至终生在我们的脑际盘桓——这种精神是虚假的；因为，当我们发觉这是梦时，幻景就会消散。于是，我们才知道梦幻向我们允诺的都是虚妄不实的，而现实已经证明了这种认识。

家庭生活的情景也经常是这样的——我们的家庭生活的细微画面将表现为相似的画面，城市及城镇的生活，甚至乡村生活都是这样，我们所拥有的这种家园，包括它的环境和那些赋予我们尊严和荣耀的名望，也是这样，在这里，不管我们有着怎样的嗜好。我们也常常这样对待梦萦魂绕的情人。

这一切都完全是自然的。因为，表面上看来，我们所想象的直接刺激我们心灵的那些幻象似乎就是真实的对象。

与抽象的观念相比，这些幻象更加直接地对我们的意志造成了影响；因为，抽象观念只提供一种混沌不清的模糊外观，没有生动而具体的细节，而这些细节正是那些幻象的真实部分。我们可以间接地受到抽象观念的影响。

然而，它只是一种抽象的观念——虽然它愿意尽量实现它所许诺的事情，让我们相信它的这种教育功能。当然，如果需要的话，也要对抽象观念加以解释——按其原来的含义去解释，即凭借栩栩如生的图像；但是，一定要慎重，要对言外之意打折扣。

可以将上述规则看作更为普遍的规则的一种特殊情况，

即绝不能让当下印象操控一个人，或者，使其完全不受外部现象的支配，与单纯的思想劳动或观念的训练相比，这种印象或现象的作用绝对要大得多。这些当下印象之所以丰富多彩，并不是由于它们利用了感官材料——事实上，正好相反，而是由于对于感官来说，它们是某种明显的而且直接发挥作用的东西；它们强行入侵我们的头脑，对我们的反应进行扰乱，并且破坏了我们的决定。

迫在眉睫的事马上会显现它的所有结果，这一点并不难理解，不过，进行思想的劳作或论点的评判则需要时间，就像不可能在同一时刻思考所有问题一样。这就是我们如此易受享乐诱惑的原因，虽然我们曾全力以赴地抵制这种诱惑；或者是这样容易被侮辱惹怒的原因，虽然这种侮辱的缘由根本不值一提；或者也是这样容易对批判动怒的原因，虽然我们知道批判者根本不该担其责。

同样，且不说其他的例子，我们有很多理由相信，没有什么危险比一个实际上近在眼前的错误观念更严重的了。所有这一切都将人类本性中根本的非理性显露了出来。女人们往往会被这种占优势的即时印象所诱惑，而且，由于受到如此之多的理性的重负，很少有人因此从一种近似的原因所导引的痛苦中解脱出来。

假如说，单纯的凭借思想劳作还不足以抵制某种外在[illegible]就是最好的措施，比如，我们能通过尝试结交那些对我们评价较高的人，来批消受侮辱的后果，也可以通过快速选择应急方法，以避免因近在眼前的危险产生不愉快的感觉。莱布尼茨讲过一个意大利人的故事：为了避免吐露秘密，这个人通过连续不断地想着那等待他的绞架来承受酷刑的折磨；他不停地大声喊着："我看见它了！我看见它了！"——过后他解释说这其实是他的计谋的一部分。出自《人类理智新论》第一卷，第2章，第11节。

正是基于某种相似的理由，我们发现一个人要想坚持对某一问题的不同看法是多么困难——这种犹豫不决的痛苦并不是大家的看法与我不一致而使做法也相差甚远的事实导致的，虽然我肯定他们是不对的。

举一个例子，一个逃避追捕的流亡首领一定能从一个忠诚的随从——这个随从谨小慎微，唯恐暴露了主人隐秘的藏身之所——那拘谨而谦恭的言行中得到巨大的安慰，这使他十分确信自身权威的存在。

劳逸结合，避免用脑过度

我曾在前文中，**坚持认为健康的巨大价值，就是成为构成幸福的主要和最重要的因素**。我强调并坚持上述观点，还为此提出了一些普遍规则。

在身体状况良好时，锻炼身体，使之强健的方法是参加大量的劳动——这样做既能锻炼整个身体，也能锻炼身体的各个部位；而且，养成劳动的习惯可以抵制各种病毒的侵袭。一旦疾病缠身——不管是全身还是某个器官染病，其表现形式往往相去甚远，并且护理及治疗方式也各不相同，疗效更是大不一样；因为，疾病不会有一成不变的形式。

大量运动可以使体力得到强化；但神经则相反，过度使用神经会导致其衰竭。所以，一方面，我们可以用所有适合的方法对体例进行训练，另一方面，我们应当注意尽量不要使神经过于劳累。

比如，不要让强光刺激眼睛，特别是不要让眼睛受到强烈反光的刺激，不要在暗的地方看东西或者长时间对精密细微的物体进行观察，不要让巨大的声响震动耳朵。最[illegible]使用大脑，或在不适当的时候使用，或对其施加过大的压力。使用一段时间后[illegible]因为，大脑——这个孕育了各种思想的器官——还要做其他大量的工作。

基于近似的理由，一定不要在进行剧烈的体力锻炼时使用大脑，或者在刚刚结束剧烈的体力锻炼之后马上使用大脑。因为，运动神经与感觉神经在这方面是一样的；一旦肢体受伤，它在大脑对应部位的神经就会产生痛感。同样，事实上，在工作或运动的并不是我们的臂或腿——而是大脑，或者从严格意义上来说，是大脑的对应部位通过脊椎的中介作用，对肢体的神经加以刺激并使它们处于运动状态。

所以，当我们的臂或腿感到疲劳时，大脑才是这种感觉的真正源头。这就是肌肉只有和大脑联系起来，才可以处于自觉主动的运动状态以及产生疲乏感的原因，也就是说，肢体的活动依赖于大脑。

那些如心脏一般处于无意识工作状态的肌肉，则并非这样。显而易见的是，倘若迫使大脑在同一时刻既进行剧烈的体力训练又进行理智思考，或者进行两种活动的时间相隔很短，那么，大脑必将受损。

我的上述观点与下列事实之间并不存在冲突，即在一次步行开始的时候或一次散步中的某一时刻，精神上经常会产生一种亢奋感。大脑进入工作状态的那一部分还没有达到疲乏的程度；此外，轻微的体力活动对于呼吸器官是有益的，还能供给主动脉更纯、更多的氧化物，再由主动脉向大脑传送新鲜血液。

同样，保证大脑得到充分休息是十分重要的，这是大脑恢复功能所必需的；因为，睡眠对于人的意义就像给钟上发条一样。参考《作为意志和表象的世界》第4版，第二卷，第236~240页。

这一适度随大脑的发育和活动而发生直接变化；超过

……这个度，时间就白白浪费了，因为，如果这样，那么，甘熟睡的程度就会……时间成反比。引同前书，第275页。

睡眠是一种暂时的死亡，用以保持和更新在白天已经用……或者，还可以说，睡眠是我们为死亡所收取的资本而必须付出的一种利息；并且，利率越高，付出的利息对应地也就越多，已被拖延的救赎日期也就越近。

应当明确理解的一点是思想只是大脑的固有功能，它必须遵从同样的法则，以便能像别的任何有机体功能那样运用和休息。用脑过度会损伤大脑，和眼的使用一样。大脑的主要功能是思想，就像胃的主要功能是消化。

灵魂——作为某种非物质的、基本的东西，只在大脑之中存在，其基本功能的发挥都是自发的，也就是说它在永远不知疲倦地思考着。毋庸置疑，有关灵魂的学说导致理智力量的减弱，并操控着人们去做荒唐事：弗里德雷克大帝甚至曾经尝试培养不睡觉的能力。

如果哲学教授们不再到处散发具有毒害作用的学说，那就是最好的了；但是，这种后果恰恰是教条式哲学所导致的，它啰里啰唆地试图和问答教义保持良好关系。一个人对待自己的理智力量应当养成从生理功能去评判的习惯，而且，根据实际情况决定对它们是保护还是使用。还应该记住任何一种肉体损伤——不管是疾病还是机能失调，也不管是身体的哪个部位受的伤——都会对精神造成影响。

据我所知，卡巴尼斯在他的《人的肉体和精神的关系》一书中对于这个问题提出的意见是最可取的。叔本华在此提及的这部著作是由法国哲学家卡巴尼斯（1757—1808）所著的，对以生理学为基础的精神和道德现象进行论述的论文集。卡巴尼斯在临终前彻底放弃了自己的唯物主义立场。

由于对这一规则的忽视，很多天才人物和伟大学者变得幼稚可笑、脑筋迟钝，当他们步入垂暮之年时，甚至会彻底疯掉。

不用再举别的例子，毫无疑问，本世纪初即19世纪初英国的著名诗人华兹华斯、司各脱、骚塞，在他们老年时，不，甚至才过了六十岁，就变得呆笨无能、感觉迟钝；他们的这种愚钝可印证这一事实，即在生命的这一阶段，他们已在高报酬允诺的诱使下将文学视为商品，以钱为目的进行写作。

使他们陷入理智力的一种非自然的妄用之中的也恰是这一点；一个将佩格斯套上马具并用鞭子对缪斯进行驱策的人将必须支付一笔违约罚金，就如同其他能力的妄用也要支付罚金一样。

甚至是康德那样的情况，我猜想出现在他生命最后四年中的稚拙，纯粹是他后半生以及在他逐渐成为名家之后过度劳累造成的。

通常来讲，一年中的每一个月都会对我们的健康以及身体状态，乃至精神产生直接而特殊的影响。这种影响是以气候为转移的。

Part 10

一切都在孤独里成全

只有当一个人独处时，他才是他自己；如果他不喜欢独处，那么，他肯定也不热爱自由。因为唯有当他孤独无依时，他才会享有真正的自由。

在反省中不断成长

为了使我们的生活更加细致周密，更加富有理智，而且，也为了让自己从生活中汲取更多的经验，我们就必须不停地对生活做出反省，也就是说，要概括一下我们所做的事，所留有的印象和情感，然后和我们现在的判断进行比较。

这种对生活的反省既有对我们已经获得的成就的评价，也有对我们曾从事的工作和进行的奋斗的思考，更有成功后愉悦的享受。**可以说，对生活的反省生动地再现了个人生活经验，而这种经验对我们每一个人都是有益的。**我们可以将人生的经验视为一本教科书，通过对它的反思、评判，我们受益匪浅。只要不停地对其进行反省并从中得到大量的知识，那么，其结果就会像那些书一样——每页上的课文只有两行，注释却有四十行。

倘若仅有丰富的经验而不对此做出反省，也无法获得大量的知识，那么摆在我们面前的将是没有注释且大部分内容深奥难解的书，就像拜庞蒂那版从1779年于帕拉蒂赖特开始出版的拉丁文、希腊文和法文古典丛书。参考布特尔《论拜庞蒂那和拜庞蒂那版丛书》的图书一样。

在这里，我们要提出一个忠告——它类似于毕达哥拉斯提出的一条法则，每晚入睡前对你白天所做的一切进行反省。整天在工作与享乐的嘈杂纷乱中浑浑噩噩地度日，却从不对过去的一切进行反省——就像一架嗡嗡作响的纺车，接连不断地扯出生活之线，不知道自己到底在做什么。

如果一个人处于这种状况下，他的情感就是模糊混沌的，他的思想就是杂乱无章的。而且，他的谈话也会因为这些而变得颠三倒四、支离破碎，完全是一副装腔作势的样子。如果一个人的生活十分忙碌，那么，他将无法躲开这种命运，各种各样的印象充斥在他的头脑里，他已经没有余力再从事理智的判断活动了。

仔细观察，下列情况对于这一点来说是十分适宜的，也就是说，随着时间的流逝，当那些曾经对我们造成过影响的事件和境况消失时，我们再也不能回味当时的心境和情绪了。不过，我们曾就这些事件和境况所说的话与所做的事依然留在我们的脑海里。于是，这些原本只是形式的东西，却成了对这些事件进行表达或评判的结果。因此，在人生的重要关头我们应当注意保持思想的记忆。**由此看来，坚持记日记有很大的益处。**

在独处中寻找幸福

自给自足，自己即一切，无欲无求，才可以说“我只占有自身之一切”——毋庸置疑，幸福最主要的品质就是这一点。所以，我们没有必要对亚里士多德的名言——“幸福意味着自我满足。”——做出过多的重复。

实际上，同样的思想在商福特那措辞十分巧妙的话语中也出现过：“幸福不是可以轻易获得的东西，只有在我们自身中才能发现它，在别处是无法找到的。”

但是，当一个人确信不能依靠其他人，只能信赖他自己时，生活的重担和糟糕的处境，危险和烦恼——这些都是在与他人的交往中产生的——就不仅数不胜数，而且无法避免。

饮酒狂欢，追逐名利，生活奢侈，这些都是我们追求幸福的最大障碍；虽然它们会使我们的悲惨生活发生改变，会使我们享受到种种愉悦、欢快和乐趣，然而，同样地，这也是一个危险的过程——一个势必会导致失望和幻想的过程。在这方面，同样无法避免的附属物就是那不断变幻的谎言。就像我们的肉体为我们的衣服所遮掩那样，我们的精神也被谎言蒙上了一层面纱。面纱一直存在，而且我们只有通过它，才能时而猜出一个人的真实思想；就像我们通常按照一个人的衣服大小来对他的体型的一般状况进行判断一样。

一切社会势必包括——这也是其生存的首要条件——成员之间的互相适应以及社会对成员做出的制约。这表示，社会的规模越大，越让人感到乏味。**只有当一个人独处时，他才是他自己；如果他不喜欢独处，那么，他肯定也不热爱自由。因为唯有当他孤独无依时，他才会享有真**

正的自由。

人们在社会中，常常感到压抑和紧张，这种压抑感就像社会必然存在的附属一样，让人难以摆脱。一个人的独立性越强，越无法成为与他人交往关系的牺牲品。应该根据一个人的价值的大小来决定，对独居所持的态度是欢迎、忍耐还是逃避——当一个人独处时，可怜的人感受到的是他的所有不幸，而聪明人享受的却是独居的高尚伟大；简单来说，每个人都是他自己。

进一步说，倘若一个人的自然禀赋较高，那么，他自然而然地会感到寂寞冷落，而且这是不可避免的。如果他周围的环境对他的上述感觉进行了干扰，那么，对他而言，这个环境就是不适宜的；倘若他必须面对许多与他性格不同的人，这些人将会向他施加种种影响，破坏他精神的宁静。实际上，他们会使他找不到自我，却又无法拿出任何东西来对他的损失进行补偿。

不过，人与人之间在肉体和精神两方面均由大自然确立起广泛的差异时，社会却漠视这些差异或试图消灭它们；

或者，不如说它建立起了种种人为的差异——地位和身份的等级，这种等级往往与大自然建立的那些广泛的差异不同。这种分类的结果是，那些被大自然置于低等地位的人的身份抬高了，而那些在大自然中居于高等位置的极少数人的身份则降低了。在社会中，一旦占据多数的粗鄙者掌握了权力，少数优秀的人往往总是对这个社会退避三舍。

在社会中，权利的平等就是对伟大理智的冒犯，由此势必会要求平等，普通百姓对此欢呼雀跃；与此同时，能力的不平等代表着相应的社会力量的差异。

所谓善的社会——这种产物是非法的——对一切权利要求予以承认，却对理智要求予以否认；在这种社会中，人们被期待在面对各种形式的堕落和沉闷、愚钝和麻木时都能表现出无限的耐力。而如果要表现个人的优点就必须以谦卑的面孔出现，或者，只能藏而不露。理智的优越性之所以冒犯众怒，仅仅是由于它自身的存在，而并不是出于本意。

在所谓善的社会中，最糟糕的除了它让那些我们并不赞赏也不能让我们动情的人成为我们的朋友之外，更严重的是它还扭曲了我们的人性，让我们无法自然地发展。为了协调起见，我们在它的压迫下变得枯萎衰竭，或者我们的模样被彻底改变。理智的对话——不管它是严肃的还是幽默的——只对理智的社会适用；它根本不适合普通人，对于后者来讲，它势必是陈腐不堪、令人感到乏味的。这就要求我们能够做到自我克制，为了变得像其他人那样，我们将不得不丧失四分之三的自我。

毋庸置疑，为了弥补我们在这方面的损失，这种交往也许会受到谴责。但是，一个人的价值越大，他越是发现他失去的要比他得到的多得多，而获利的则是对方。因为一般来说与他交往的那些人都是名誉扫地、道德沦丧者——也就是说，除了烦恼、无聊、厌恶或者自我克制（它能够反映一种必然性），他从他们那儿什么也得不到。所以，大多数社会建立的目的就是让这样一些人得益，而这些人将用自己的孤独来换取社会提供的益处。

不仅如此，社会为了给真正的——我所说的是理智的——优越性寻找一个替代物（很难碰上这种替代物，就算偶然发现了，也是让人无法忍受的），曾异想天开地采纳了一种不真实的优越性，这种优越性是以任意专横的原则为基础的，并且本质上是约定俗成的，就像是一种在较高层次流传的传统，它就如同一道可供替换的口令；我指的是上流社会的时尚。不管在什么时候，只要这种虚假的优越性与真正的优越性发生冲突，它的弱点就会暴露无遗。进一步说，这种好的时尚的出现也正意味着缺乏好的理智。

一个人与除他自身以外的任何人——甚至包括他的朋友或生活的伴侣在内——都不可能完全和谐一致。气质与个性的差异或多或少都会导致不和——即使这种不和的程度可能非常轻。**世间所能给予的最大恩惠，就是思想真正的平静、灵魂深处的安宁以及身体的健康，而这些只有在独居中才能获得，而且，唯有身处绝对幽静之处方可达到这种平静和安宁持恒的心境。**

所以，倘若说人自身之中有什么东西既高贵又有价值的话，那么他的这种生活方式本身大概就是可以在这个悲惨的世界中找到的最大幸福。

直截了当地说吧，不管友谊、爱情、婚姻的纽带多么牢固，最终一个人只能关照他自己的福利，最多只能波及他的儿女。通常来讲，你与他人的关系越密切——不管这种关系是私人关系还是工作关系，你的生活就越糟糕。确实，孤独和寂寞有不好的地方，然而，如果你不能突然体会到孤独的不利之处，至少，你可以发现这种不利是确实存在的，在这方面，社会非常狡猾；它使你与他人的社会交往显得好像是一种令人高兴的消遣，它还常常带来巨大的、难以弥补的危害。**所以，应该训练年轻人从小就适应独处，因为这是通往幸福和心灵宁静的必经之路。**

由此就产生了如下状况：一个人如果彻底依赖他所拥有的财富，并且只看重他自己，那么，他的生活就能过得十分幸福。

西塞罗对此是这样说的："一个人在这样的条件下势必会过上幸福的生活。"一个人在他自己心目中的地位越高，其他人在他心目中的地位就越低。啊，正是这种自我满足的情感阻止了那些具有极大个人价值的人做出如此巨大的牺牲——这种牺牲基于个人与社会之间的交往，更别说，一意孤行，真的实行自我克制了。一般人都喜欢社交、讨好卖乖，这根本就是另一种情感。

对于这些人来讲，独处比陪伴别人难得多，所以他们宁愿与人交往。除此之外，真正有价值的人在这个世界上得不到应有的尊重，而那些无足轻重的人却倍受赏识。于是，隐退一下子就成了一个人品质高尚的证明和结果，而且，还会是那些具有某种价值的人的真正智慧的表现。

对一个人的种种欲求进行限制，而且——既然他不得不与自己的同伴建立各种关系——尽量疏远他和他的同伴，才能使其自由得到保卫或扩展。

人生所有不幸，皆因无法独处

我以前说过，人都是喜欢群居的，即他们有自己的社会。他们变得厌恶自己，而驱使他们与其同类进行交往的正是这种精神上的空虚，例如，去别的国家旅游。他们的思想僵化呆滞，缺少运动，因此，他们尝试带给它一些活力——比如，通过饮酒来寻求刺激。

有多少人就因为这个原因而畅饮！他们一直想要找到某种可以经受得起的最强烈的刺激——也就是与人和谐一致，如同与自然和谐一致那样；如果达不到这种境界，他们就会因为承受不了重负而变得沮丧衰退，掉入巨大的冷漠之中。这一事实是众所周知的，即种种不幸和灾难于我们而言是比较能够容易地忍受的——这些不幸和灾难降临到绝大多数人身上，其中也包括我们。例如，烦恼好像就是这些不幸中的一种，人们联合起来一起抵制它。归根到底，对生命的热爱是对死亡的恐惧，同样，社交的驱动力是出于对孤独的恐惧，而并非直接依赖于对社会的热爱；它不是人们梦寐以求的与人交往的迷人魅力，而是人们尽力避免独处时的冷寂凄凉的可怕压力（如他们单调贫乏的自我意识）。他们想方设法逃避孤独，甚至对形迹恶劣的伙伴加以迁就，对一切社会都存在的那种压抑感加以容忍。然而，如果对社会的厌恶胜于对孤独的反感，他们就会慢慢习惯独处并对其直接后果漠然置之。他们不再觉得孤独是件坏事，也不再渴望和他人交往，他们能够在面对孤独时泰然自若、安详愉快——这一方面是由于他们并非直接需要伙伴，另一方面也是由于他们已经习惯了从独处中获益。

可以说，这样的人具有的只是些细微的人性碎片；必须将碎片聚合起来才能构成完整的人性——以便思维方式能像大家一样。人，就其完整的意义来说——人都是杰出

的，是整数，而不是分数：他自身是完满的。

在这方面，大众社会就像一支由俄国管组成的乐队演奏出的乐曲。每只管的音调只有一种，但所有的管彼此协调、相互配合，就演奏出了这支乐曲。单独一只管只能演奏出单一的音调，从这里你可以明白地看出大多数人的思想将会导致怎样的结果。

罢黜百家、独尊一门的现象确实十分常见。我们很容易理解人们为什么这么厌烦，他们为什么喜爱结交，他们为什么愿意成群结队——人类为什么这么善于社交。正是因为一个人自身性质的单一，才使他不堪忍受独处。其自身的重累正是荒唐愚蠢。汇拢众多的人将会产生某种结果——某种近似于管弦乐队奏出的乐曲！

有才智的人如同一位出类拔萃的艺术大师，不用任何帮助，只需一种乐器，例如，一架钢琴（它自己就是一支小型乐队），就可以演奏出协奏曲。这样的人自身就是一个完满的微型世界。他只需自己的意识整体便能单独达到通常需要各种乐器相互配合才能产生的效果。

当然，只用一架钢琴不能演奏交响乐，不过，他是一位独奏者，可以一个人进行表演——可以说，这也是一种独处；或者，如果与他人合作，他也肯定是主奏者；或者，就像建立某种演唱风格那样，创立某种演奏风格。不管怎样，那些无时无刻不在渴望交际的人或许能从上述比喻中获益，而且，我们经常遇到这种情况，即以量的陡增来对质的不足进行弥补，对此，上述比喻也可作为一条普遍的规则。

倘若一个人十分聪明机智，那么，有这一个伙伴就够了；但是，倘若你只与一般人打交道，那么，结交许多伙伴就是恰当的，这样你就能让他们协同工作以得到更大的利益，这一启发就是从管弦乐队中得到的。但愿上帝赐予你足够的耐力，使你能够忍受如此苦役！

造成另一种不幸的原因就是我所暗示的那种精神的空虚和灵魂的荒漠。当优等阶层的人组成社会以实现某个高尚的或理想的目的时，数不清的民众总会如同害虫般蜂拥而至，而且不管在什么地方都是这样，摆脱烦恼就是他们的目的，或者有的完全是随波逐流；他们盲目地对所有事物一哄而上，不进行任何识辨。

他们当中有的人急匆匆地挤进这个社会，有的人则身不由己地被他人推进这个社会，然后，又共同摧毁它，或者将它变得面目全非，成为完全背离其初衷的东西。

关于社交的驱动力问题，这种观点并不是唯一的。寒冷的严冬，人们为使身体暖和起来而拥聚在一起；你也可以用这种方法激发自己的精神——即与别人进行思想的交流。不过，一个精神亢奋、绝顶聪明的人则不用这么做。我以前写过一则篇幅短小的寓言，对这一点进行了说明，不过，这则小寓言在别处也能找到。叔本华在此指的是《附录和补充》第二卷，第413页（第四版）。这则寓言的内容是几只豪猪在一个冬日为了取暖而挤在一起，然而，它们身上的刺戳痛了彼此，于是，它们只好散开。但是，寒冷迫使它们再次聚拢在一起，刺痛又令它们选择分开。最后，经过多次聚拢与分开，它们明白了彼此之间最好保持一定的距离。同样，人类像豪猪一般在社会需要的驱使下走到一起——却又因为各自本性中的很多敏感而令人讨厌的品质而相互排斥。最后，他们发现相互间交往的唯一可以接受的条件就是保持适度的距离，而这也是一个人举止文雅、规矩有礼所应遵循的准则。倘若有人违犯了这个准则，就会受到严厉的斥责——用英语表达就是不要靠近。这样一来，不仅彼此取暖的需要能够得到适当的满足，而且不会被刺痛。一个自身拥有一些热量的人则宁可待在圈外，这样一来，他既不会刺痛别人，又不会被别人刺痛。

作为一条普遍规则，可以说，一个人的社交性格几乎与他的理智才能成反比。也就是说“某某人”不善于社交，就等于在说他是一位伟大的天才。

对于这样的人来说，孤独具有双重有利之处。第一，它使他与自己保持一致；第二，它避免了他与其他人意见相同，而后者是一个非常重要的好处；因为，在与社会的所有交往中都有着许多制约、烦恼，甚至危险。

拉布吕耶尔说：“爱在交际上是真正危险的，甚至足以致命。”因为它代表着社交与人的本性之间有着密切的关系，而人的绝大部分本性在道德上是恶的，在理智上是乖张的或愚钝的。这样的人与孤独无缘，而且，不用和他人相伴，只依靠自己是走运的重要因素；因为，我们遭受的不幸几乎全部来自与他人的交往，就像我以前说过的，这种交往使得思想的平静遭到破坏，而在幸福的种种要素中，除了身体健康之外，思想的平静是最为重要的。如果没有适度的孤独，也不可能有思想的平静。

犬儒学派的门徒们为了达到无任何烦恼的至福而放弃一切私人财产，而一个人所能够做的最明智的事情就是排斥社交。圣•皮埃尔有句著名论断十分精彩而透辟：“节省食物是为了强健身体，舍弃社交是为了心灵安宁。”对孤独表示友好或将其视为挚友就像得到了一座金矿，然而这不是每个人都能做得到的。

孤独是天才的高雅气度

人们相互之间的需要是社会交往的首要缘由，这种需要一旦得到满足，烦恼会驱使人们再度走到一起。如果没有这两个理由，一个人极有可能会选择独处；如果只因为生活的唯一条件就是独处，而这种生活会使一个人的自尊自傲极度膨胀——好像他是世界上独一无二的人！那么，他的幻想将很快会被现实生活的纷乱紧迫所粉碎，而他所得到的将是痛苦的失望。从这一点上可以说，人类原初的、自然的状态就是独处，在这种状态中，人就像亚当那样，其欢乐都是源于他的本性。

不过，亚当不是没有父母吗？另一种关于独处的看法觉得它不是人类的自然状态；因为，人降生到这个世界上时就发现自己与父母、兄弟、姐妹待在一起，即他不是独处的而是处于社会之中的。

所以，不能将喜爱独处看作人类本性的一种原始特征；不如说它是经验和反省的结果。随着时光的流逝，人的理智能力不断发展，经验也日渐丰富，人对自身经验的反省也变得越发深刻。

通常来说，社交性格与年龄呈反比。倘若让一个小孩独处，哪怕只有短短的几分钟，他也会吓得号啕大哭；之后，让他自己停止啼哭对他来说就是严厉的惩罚。年轻人很快就能与彼此建立友好亲密的关系；在他们中间只有极少数心地高尚的人经常独处，而不与他人交往——然而，如果整天这样，也是令人不愉快的。

一个成年人可以很容易地做到这点，对于他而言，生活烦恼很少，而且随着年龄越大，烦恼会越少。一个寿命比他的很多朋友都长的老人，对生活的乐趣要么毫无感觉，要么一点也不在意，他只在自己那孤独狭小的范围内生活。在单个的情况中，隐居或隐退的倾向都与理智能力有着直接的关系。

就像我以前指出的，这种倾向不是一种完全出自本性的东西，它并非作为人性的直接需要而进入经验之中，不如说它是我们所经历的一切经验的结果，是对我们真正需要的东西进行反省得到的产物，特别是从对大部分人所经受的不幸遭遇的洞见——不管你考虑的是他们的道德还是理智——中所得到的益处。

最不幸的是，个人相互利用彼此道德上或理智上的缺点，因此造成了种种不愉快的后果，即大多数人的社会交往既令人感到厌烦，又使人无法忍受。

所以，尽管在这个世界上存在许多不尽人意的事情，但最差劲的还是社交。就连最善于交际的法国人伏尔泰也不得不承认哪里都有不值一提的凡夫俗子："地球上密密麻麻地挤满了人，但却找不到值得与之谈话的人。"

为希望成为孤独者的彼特拉克也曾提出过类似的理由——啊，多么敏感细腻的精神！他竟然拥有如此强烈而持恒的隐居的热望。他说，只有那潺潺的清流、莽莽的林海和空寂的荒野，才真正懂得，他是多么渴望逃避那些找不到天堂之路的无可救药的愚人啊！在他的那部让人不忍释卷的著作《生命的孤独》中，他保持了同样的风格。齐默曼那大名鼎鼎的论孤独的书中的基本观念似乎就来自这部著作。

商福特曾在下列段落中含蓄地谈到过孤独，认为孤独只是喜爱隐居的一种间接的和次要的特征，在他那嘲讽的风格中隐含着这一观点："当时的人们说，一个人因独处而不喜欢社交，就像人们说，一个人以不愿意晚上在朋迪森林里散步为借口，说他不喜欢散步一样。"

你在波斯诗人萨迪的诗集《蔷薇园》中也会发现同样的情调。他说："从那时开始，我们就与社会告别，踏上了通往隐居的小路；因为，独处才有安全。"一位温文尔雅的基督教作家安吉利斯•赛勒修斯，以他神秘的语言将这一情感表露了出来。他说："希律王是我们共同的敌人。上帝对我们发出了危险警示，于是我们与约瑟夫一起从伯利恒来到埃及，为了寻找那隐居之处，我们已远离尘世；不然的话，等待我们的就会是痛苦和死亡！”

布鲁诺也说自己是隐居之友。他说：“在这个世界上，那些总是渴求预先体味神圣生活的人总是一起呐喊：

看啊！我将去远方漂流；

我将在荒野中独栖。出自《诗篇》第55章，第7节。

在我以前引用过的那部著作中，萨迪谈及自己：“我讨厌大马士革的朋友，为寻觅那野兽的世界，我逃到了耶路撒冷周围的荒原。”

简单来说，被普罗米修斯赋予了优良禀赋的那些人，都已就这同一个问题发表了自己的看法。在与凡夫俗子的交往中，这些英才能够得到什么乐趣呢？他们之间仅有的共同点就是前者身上所具有的极少的崇高品质——就前者来说，陈腐、浅薄和粗俗才是他们表现出来的主要品质。

英才们想与那些难以升华至较高水平的凡夫俗子交往

吗？——对于前者来说，赚别人的钱就是其目的所在。这是一种贵族式的情感——这种情感也是引起隐居和独处风气的根源。

更为不幸的是流氓恶棍倒总是喜欢社交！不会从与他人的交往中得到快乐是一个品质高尚的人的主要标志。这样的人越来越宁愿独处，而且随着时间的流逝，最终意识到一边是粗俗，另一边是孤独，除此之外别无选择。这件事听起来十分令人难以忍受；然而，就连安吉利斯•赛勒修斯——一个充满挚爱而高贵的基督徒情感的人——也没办法否认它的真实性。他说："不管孤独多么令人痛苦，也要小心不要让自己变得粗俗；因为，不管你在什么地方，都能找到一片荒漠。"

伟大的天才——人类真正意义上的导师——对他人之间的那种持久的交往关系从不关心，这是天才的秉性；就像学校的老师对他周围的喧闹的孩子们的欢跃嬉戏从不过问一样。

引导人类越过茫茫的谬误大海，最终到达真理的殿堂是这些伟大的天才们的天职——也就是拯救人类于荒蛮粗鄙的黑暗深渊，使之啜饮文化的甘泉，从而得到净化和升华。伟大的天才人物生活的这个世界并不真正属于他们；因此，从他们的幼年时代开始，他们就觉得自己和他人之间存在十分明显的差异。

不过，随着时间的流逝，他们才最终真切地明白自己的地位。他们理智的隔绝因在现实中隐退的生活方式得到进一步强化；他们从不与那些还没有摆脱普遍流行的粗鄙庸俗的人们交往。

由此可见，与其说喜爱孤独是人性中一种直接的原始冲动，不如说它是某种渐次生成的从属的东西。它是伟大天才的高雅气度，如果想要具备这种气度，必须与种种自然的欲望作战，并取得胜利，还要不断地抵制曼菲斯特的诱惑——他蛊惑你为了换取与人们共同生活，换取社交，而抛弃忧愁苦闷和毁灭灵魂的孤独；他说，就算糟透了，也能把一种人类的友情带给你：

不要再玩弄你的忧愁，

它像秃鹫将你的生命吞噬；

哪怕你跟粗鄙的人们来往，

也会觉得并没有离群。参见歌德的《浮士德》，第一部，第1281~1285行。

不过，伟大天才命中注定要成为孤独的人——虽然他也多次为这一命运深感痛惜，却依然选择了它，因为与成为粗鄙者的命运相比，成为孤独者的命运至少会少一些痛苦。

学会在人群中保持孤傲

随着年龄渐长，可以更轻松地说，“敢于成为智者”，过了60岁，对孤独的偏爱慢慢变成一种真正的、自然的天性；因为，一切爱好与兴趣都在这个年龄融为了对孤独的偏好。就连最强烈的冲动——与异性交往的爱好——也很少起到作用或者根本就没有作用了；这是人至老年的无性状态，它逐渐消解了与他人交往的全部欲望，也为某种自我满足提供了基础。只要克服无数幻觉和愚蠢，富有朝气的生命的年华便一去不复返了，一个人什么希冀、谋划和目的都没有了。他所归属的那一代已经逝去，而已经成长起来的新的一代觉得他根本不是富有生气的一类人。

所以，当我们步入老年时，岁月如梭，我们宁愿将自己的余年奉献给理智，也不愿在生活的现实之中沉湎。因为，已经得到明证的是，只有连续使用我们已经取得的所有知识和经验，我们的精神才能保持种种机能，进而使我们更有去研究任何问题的兴趣。数不清的原来朦胧不明的事情慢慢变得清晰明显了，结果是让我们觉得一切困难都已得到解决。

根据人们的长期经验，我们对他们不再抱有过高的期望。我们发现人们从亲近的朋友那里什么都没有得到，我们还发现——只有少数偶尔例外——我们碰到的人都是不完美且有缺陷的。我们对生活不再抱有拙劣的幻想；而且，我们一旦从某一个体的人那里了解到人的形成，就会马上觉得不用与他建立更加亲密的关系。

最后，间隔——也就是我们自己的社会——慢慢成为一种习惯，特别是假如我们从小就与之建立了友好关系，社会就好像成了我们的一种附属的性质。

从前对孤独的偏爱只是沉溺在对社会的奢望中，而如今却成了我们的自然属性——就像鱼儿不能离开水一样，这些自然属性同样是我们生命的要素——品质。这就是一个具有独特个性的人——他是孤独的，因为不与其他任何人雷同——在逐渐步入老年时的处境，不再像青年时那样令人感到烦恼苦闷的原因。

实际上，这种年龄是真正享有特殊荣誉的，只有具备丰富的才智才能的人，在处于这一年龄时，才可以享受到晚年的欢乐与幸福；每个人对这一点都或多或少有些认识，特别是在精神力量所在之处，人们对此更是倍加赞赏。

只有那些贫乏粗俗者，不管在其年轻时还是在其年老时，都对交际充满同样的热爱。不过，一旦他们成为社会的累赘，也就是说当他们不再适于这个社会时，社会最多会容忍他们，而从前，社会是极为需要他们的。

年龄与社交性格成反比是问题的另一面——通过这种比较将会促进教育的发展。人越是在青年时代，越是渴望获得一切知识；而且，正是在青年时代，为了让我们与他人交流自己接受的知识，造物主为我们提供了一种互相教育的体制。

就此看来，人类社会很像一所巨大的专门学校，“倍尔-兰喀斯特制”就是它所依据的教学法也叫导生制，是英国牧师倍尔和教师兰喀斯特创制的。根据这种教学制，老师从年级较高而成绩优秀的学生中选择一些充任“导生”来作为自己的助手，向他们讲授教材内容，再让他们转教别的学生。这种教学法与以书本及学校为手段的教育制是相悖的——后者作为某种人为的东西与造物主提供的教育制相背离。所以，相互教育体制是一种十分恰当的安排，每一个人在其年轻时都应利用造物主亲自提供的学习场所，勤奋刻苦地学习。

可是，生活总是有着各种不如意——就像贺拉斯所说：“幸福并不代表事事如意。”或者用一句印第安谚语来说：“不长茎的莲花是不存在的。”与世隔绝的好处很多，也有一些缺憾与烦恼，不过与社会的缺陷相比，这种缺憾与烦恼完全是微不足道的。

所以，对每个真正具有自身价值的人来说，独处要比与他人一起生活好得多。在与世隔绝的许多优点中，最易被我们认识的一点就是，当人们整日闭门不出时，他们的身体就会变得对风十分敏感，以致即便是极轻微的气流也足以使其身体微恙。我们的情绪也是这样，长期的与世隔绝使它们变得十分敏感，以致最偶然的一件小事，最普通的一句话，最不经意的一瞥，也能使我们感到愤怒或使我们的感情受到伤害——而那些生活在纷繁嘈杂之中的人对这一切则从不曾留意。

当你发现社会令你不太满意，觉得遁入孤独是对自己更为恰当的做法时，很明显你并非一个能够经得起长期独处的考验的人。在你年轻的时候可能会发生这种情况。**那么，我给你的劝告是，在社会交往中养成保持某种孤独的习惯，也就是说学会在人群中保持某种程度的孤傲。**

另一方面，既不要马上将自己的思想和盘托出，又不要拘泥于别人所说的话。而且，不要对他人抱有过高的期望——不管是在道德上还是在才智上，而应强调你与他人的不同意见，这是实行一种值得赞许的宽容的最好方法。

如果你这样做了，你与他人之间就不会存在过于亲密的联系和交往，却又显得你好像生活在他们中间：你与他们之间的关系将具有一种完全客观的特征。这种预防措施不仅能够让你与社会保持适当的距离，还能使你因此避免遭受其伤害和玷污。这种受制约的，甚至看似被禁锢的社交性格，早已戏剧性地出现在值得我们一读的莫拉丁著的剧本里——剧名是《咖啡与新喜剧》，主要由剧中角色之一堂·佩德罗在第一幕的第二场和第三场给予说明。

就这一点来说，社会就像一团熊熊燃烧的烈火——聪明人因懂得与之保持适当的距离而能够借其取暖；傻瓜则不是因为离得太近被火灼伤，就是因为抱怨火的灼热而躲得远远的，以致只能孤零零地忍受严寒的折磨。